CHIEN GENTIL,
MODE D'EMPLOI

Laurence Dillière-Lesseur
Alexandra Couture

CHIEN GENTIL, MODE D'EMPLOI

Illustrations de Vincent Lesseur

Odile Jacob

15, rue Soufflot, 75005 Paris

www.odilejacob.fr

ISBN 978-2-7381-3039-6

« Les connaître pour les comprendre, les comprendre pour les aimer, les aimer pour les défendre. »

Fernand Méry, vétérinaire humaniste, qui consacra sa vie à la défense des animaux.

Sommaire

Avant-propos 15

COMMENT CHOISIR SON CHIEN ?

Pour quelles raisons choisit-on un chien ? 19

Parce que l'on passe devant la vitrine d'un magasin 19

Pour des raisons personnelles et familiales 25

Quel lieu choisir pour acquérir un chiot ? 37

Acheter un chiot dans un élevage 37

Acheter un chiot dans une animalerie ou l'adopter dans un refuge 48

Est-il conseillé d'acquérir un chiot chez un particulier ? . 51

Race, sexe, conditions de vie : comment faire le bon choix ? 53

Faut-il se méfier de certaines races de chiens ? 53

Faut-il prendre en compte le sexe de l'animal ? 61

L'importance du cadre de vie 62

Est-il important que la mère du chiot soit restée avec lui jusqu'à son départ ? 64

Quels cas particuliers peut-on rencontrer ? 67
Nous avons décidé d'adopter un second chien en plus de celui que nous avons déjà 68
Nous voudrions avoir un chat en plus de notre chien 72
Comment préparer l'arrivée de bébé quand on possède un chien ? 77

COMMENT ÉDUQUER SON CHIEN ?

Comment communiquer avec son chien ? 83
Existe-t-il des règles de communication canine ? 83
Savons-nous vraiment « parler chien » ? 84

Comment créer un lien d'attachement fort avec son chien ? 99
Comment aimer son chien ? 99
Comment le laisser seul au début ? 103

Comment réussir la socialisation de son chien ? 105
Comment protéger son chiot sans tomber dans l'excès ? 105
Pourquoi la socialisation aux autres animaux de compagnie est-elle si importante ? 117

Quelles sont les règles sociales à faire respecter par son chien ? 119
Comment organiser les repas ? 119
Comment délimiter l'espace accessible à son chien ? 124
Comment gérer les contacts avec son chien ? 127

Comment jouer avec son chien ? 136
Existe-t-il des techniques de jeu ? 136
Comment jouer avec son chien
tout en contrôlant son activité motrice ? 138
Peut-on laisser des enfants jouer seuls avec un chiot ? ... 140

**Quand et comment démarrer l'obéissance
et la propreté avec son chien ?** 144
Quand et par quoi commencer ? 144
Comment réussir le rappel au pied ? 145
La propreté : autorité ou patience ? 145
Faut-il punir un chien ? 146

**Comment identifier
les premières émotions de son chien ?** 149
Nos propres émotions ont-elles une influence ? 149
Que faire s'il se fait mordre ? 152
Comment réagir lorsque le chiot tremble ? 153
Notre chiot a peur des bruits, comment l'aider ? 154

QUELLES CONSIGNES APPLIQUER
SUIVANT L'ÂGE DE SON CHIEN ?

**Qu'est-ce qui change
chez un chiot entre 2 et 6 mois ?** 157
Pourquoi l'âge d'un chiot est important 157
Le respect de la hiérarchie alimentaire 159
La tolérance au brossage 161
L'habituation aux sorties 161
La peur des gens et des autres chiens 163

Comment limiter les risques d'agressivité chez un chien adulte ? 164

Veiller à son bon équilibre émotionnel 164

Le faire examiner par un vétérinaire dès l'adoption, même s'il a déjà effectué sa visite obligatoire avant cession 165

Faciliter son intégration dans la famille 166

Qu'est-ce qui change avec la puberté ? 169

Il a l'air de vouloir que je reste avec lui pour qu'il mange : que dois-je faire ? 170

Où faut-il le faire dormir ? 170

Faut-il le caresser dès qu'il nous sollicite ? 171

S'il m'apporte sa balle pour jouer, est-ce le signe qu'il est heureux ? 172

Est-ce que nous pouvons l'attraper par le collier lorsque nous sommes en colère contre lui ? 172

Est-ce qu'il faut le mettre sur le dos et le forcer à y rester pour le dominer ? 173

Il a l'air de protéger les enfants, est-ce que c'est bon ou mauvais signe ? 175

Récapitulatif des étapes importantes dans l'éducation d'un chiot 177

L'AGRESSIVITÉ DU CHIEN EN QUESTIONS

1. Comment se déroulent les séquences agressives chez un chien ? 181

2. Quels sont les différents types d'agressions chez un chien ? 181

3. Faut-il se méfier des chiens qui grognent ? 184

4. Comment analyser l'agressivité chez un chien ? 187

5. Mon enfant a peur de mon chiot, que dois-je faire ? ... 189
6. Comment l'agressivité d'un chien peut-elle être liée à un défaut de communication ? 190
7. L'anxiété peut-elle rendre un chien agressif ? 194
8. Que faire en cas de morsure ? 194
9. Qu'est-ce qu'un chien « dangereux » ? 197
10. Les mâles sont-ils plus dangereux que les femelles ? 200
11. L'âge du chien a-t-il une influence sur l'agressivité ? 200
12. L'« effet de meute » a-t-il une incidence sur l'agressivité des chiens ? 201
13. Que dit la loi française sur les « chiens dangereux » ? 201
14. Que penser de la muselière ? 213
15. Existe-t-il un lien entre agressivité et génétique ? 213
16. Est-ce que la faim peut influer sur l'agressivité ? 223
17. Existe-t-il des maladies qui augmentent l'agressivité ? ... 224
18. Comment mieux intégrer les chiens dans nos sociétés ? 224
19. Pourquoi consulter un vétérinaire comportementaliste ? .. 226

Un dernier mot... 227
Bibliographie 231
Glossaire 233
Index 235

Avant-propos

Ni l'histoire du loup ni l'histoire du chien ne constituent un livre achevé. Et si l'une s'inspire de l'autre depuis des milliers d'années, il est à présent temps de leur attribuer des destinées séparées.

Des études récentes tendent à confirmer que la domestication et la sélection ont grandement contribué à la « révolution » cognitive qui a permis au chien de s'adapter considérablement à la vie au contact de l'homme. Le chien, plus que nul autre animal domestiqué par l'homme, possède des capacités d'adaptation inégalables. Il est depuis longtemps entré dans nos maisons pour participer pleinement à la vie de nos familles.

Nous avons presque tous rêvé un jour de posséder un chien. Si un grand nombre d'entre nous ont déjà concrétisé ce rêve, espérons que beaucoup d'autres connaîtront la même joie. Car adopter un chien est avant tout une démarche hédoniste. Dans tous les cas, rêve ou réalité, nous attendons toujours quelque chose de ce nouveau compagnon et, en premier lieu, un bénéfice qui ne soit pas étranger à notre bien-être. Ce faisant, nous avons parfois tendance à oublier que les qualités incontournables que nous exigeons de ce compagnon « idéal », qu'il soit de compagnie ou de garde, ne sont pas toujours innées.

Au cours de ces dernières années, le problème des « chiens dangereux » a souvent défrayé la chronique, au point de mettre en péril leur statut de meilleurs amis de l'homme. Contre cette diabolisation qui rappelle celle du loup autrefois dans les campagnes, nous avons voulu, à partir de notre expérience quotidienne de praticiennes vétérinaires, montrer qu'il est tout à fait possible de « prévenir le danger » lorsqu'on adopte le compagnon tellement désiré.

Le danger potentiel existe dès lors que l'on entre en relation avec un être vivant, et un chien n'est pas un jouet inerte sans interaction avec le monde qui l'entoure. C'est même par nature un prédateur, et ce quel que soit son format. D'une certaine manière, un chihuahua constitue un danger potentiel au même titre qu'un pitbull, même si les blessures qu'il est susceptible d'induire sont *a priori* moins délabrantes. En effet, il demeure avant tout un chien.

Voilà pourquoi il nous a paru essentiel, avec ce livre, de permettre à tous ceux qui ont un chien, mais qui veulent prévenir les risques d'accident, à tous ceux qui veulent un chien, mais qui ont peur des risques d'agression, de comprendre la nature profonde de cet animal et son fonctionnement inhérent à sa spécificité d'espèce. L'ayant compris, les uns comme les autres pourront, grâce aux explications, aux conseils et à la méthode d'éducation que nous proposons ici, profiter au maximum de ce compagnon, dont les bienfaits sont d'ailleurs reconnus par les professionnels de la santé. C'est ce que nous avons voulu signifier avec l'expression imagée de « chien gentil, mode d'emploi ».

Une connaissance éclairée impliquant toujours la délivrance préalable d'explications appropriées, nous ne clôturerons donc pas ce préambule sans dire que les conduites agressives font partie intégrante du répertoire comportemental normal du chien. En revanche, ce guide est là pour permettre à tous les propriétaires ou futurs propriétaires de chien de prévenir leur apparition par une éducation adaptée et, ainsi, de mieux vivre avec leur animal.

> ☞ **À retenir**
>
> Les conduites agressives font partie intégrante du répertoire comportemental normal d'un chien.

Comment choisir son chien ?

Quelles sont les raisons véritables qui conduisent un jour à « craquer » sur un chiot entrevu à travers une vitrine de magasin ou à visiter tous les élevages de la région ? Et quels sont les différents critères susceptibles d'orienter notre choix si l'on veut éviter les éventuels problèmes d'agressivité et bien vivre avec son nouveau compagnon ?

Pour quelles raisons choisit-on un chien ?

Parce que l'on passe devant la vitrine d'un magasin

➤ *Est-ce un coup de cœur ?*

Une dame prend rendez-vous à la clinique car elle trouve son chiot de 3 mois anormalement calme. Il ne joue jamais et ne s'intéresse pas à son environnement. En particulier, il n'est pas enclin à jouer, ce qui est rarissime pour un chiot. Son appétit est perturbé, il ne mange que si on lui donne la nourriture à la main et n'a pas grossi depuis son acquisition, un mois auparavant. De plus, il dort très mal et fait ses besoins dans son panier. Le chiot était tout seul dans son box lorsque la dame l'a acheté dans un magasin. Celle-ci n'aime pas les chiots trop agités, c'est pourquoi lorsqu'elle l'a vu, il lui a plu tout de suite. Elle n'a pas pu résister et l'a acheté.

A-t-elle eu raison ?

Dans cette histoire, le chiot qui a été amené à la clinique présentait des symptômes de dépression. Un traitement médicamenteux a dû être instauré pour lever de manière urgente l'inhibition du chiot qui mettait en jeu son pronostic vital. Des conditions environnementales favorables avant sa vente auraient permis d'éviter un tel trouble. Le lien d'attachement à établir avec ce chiot devra être fort afin qu'il soit encouragé à explorer son nouveau milieu. Et ce milieu devra aussi être enrichi et associé à des expériences positives (jouets, récompenses alimentaires, etc.).

Certes, mais on n'a pas toujours, direz-vous, les renseignements nécessaires sur l'histoire du chiot quand on l'achète dans un magasin. Vous avez raison, mais il y a des questions que vous pouvez néanmoins poser.

➤ *Les questions à poser dans le magasin*

Voici les principales questions que vous devez poser au vendeur dans le magasin :

- Vivait-il avec sa portée et sa mère avant de partir pour un magasin ? A-t-il souffert de cette séparation ?
- Est-il passé par une centrale d'achat et combien de temps a-t-il mis avant d'arriver dans le magasin ?
- Depuis combien de temps est-il enfermé dans cette vitrine ?
- A-t-il été malade ?
- La mère de ce chiot a-t-elle eu une « socialisation » normale, a-t-elle pu s'adapter à la vie citadine auprès d'êtres humains ?
- Depuis combien de temps est-il enfermé dans ce box et a-t-il suffisamment de contacts avec les humains dans ce magasin ?

Vous devez poser toutes ces questions avant de vous décider. Il est par exemple légitime de se demander si la perte de l'être d'attachement – sa mère chienne – peut avoir des conséquences sur l'apparition future d'une agressivité chez un chiot. En effet, des troubles de l'attachement sont susceptibles d'induire de l'anxiété qui évoluera, plus tard, en agressivité. Or, quand nous sommes préparés à l'adoption d'un chiot, il suffit d'un coup de cœur pour passer à l'acte et fondre devant une vitrine. Prendre une décision sous l'influence d'une émotion présente des avantages et des inconvénients. Si nous hésitions depuis longtemps à franchir l'étape de l'adoption, l'attirance que nous aurons pour ce chiot dans la vitrine nous permettra de passer à l'acte, ce qui représente un avantage pour les personnes qui ont du mal à faire un choix. Cependant, le fait de réaliser en quelques secondes ce dont nous avions rêvé depuis des mois pourrait se solder par un échec et une grande déception – par exemple si nous choisissons un chien sans avoir pris de renseignements sur son développement, de sa naissance à aujourd'hui.

➤ *L'importance du premier transport*

Il est une question, très précise, sur laquelle il est particulièrement important d'obtenir des éléments de réponse : ce chiot a-t-il voyagé dans de mauvaises conditions avant d'arriver dans cette vitrine ?

Dans l'histoire précédente, sa propriétaire ne possédait pas non plus ce renseignement. Pourtant, la première expérience de la voiture est cruciale pour l'animal. Émettons l'hypothèse que ce chiot a été conduit de l'élevage vers l'animalerie sans jamais avoir auparavant connu de caisse de transport ou fait de voyage dans un véhicule. Et que, de surcroît, l'environnement pendant ce premier voyage ait été bruyant, voire tonitruant, que la route ait été sinueuse… Un nouveau voyage de l'animalerie vers votre maison risque de réactiver ce souvenir et « sensibiliser » votre chiot, c'est-à-dire d'augmenter ses peurs, au lieu de lui permettre de s'habituer. Et vous risquez à cette occasion de découvrir que votre jeune animal ne supporte pas du tout les transports en voiture, qu'il est malade et qu'il vomit…

Dans tous les cas, si les conditions du premier voyage ont été défavorables, on peut prévoir l'éventualité d'un mal des

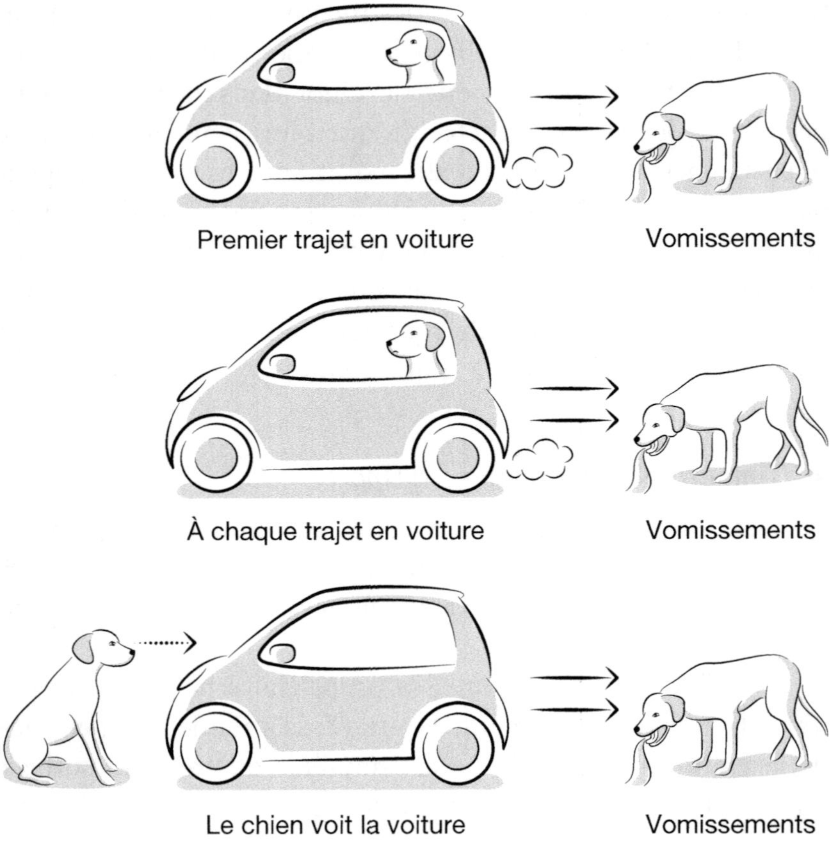

Réflexe conditionné à la vue de la voiture (conditionnement classique entraînant des vomissements pendant les trajets en voiture).

transports dès le voyage suivant. Un chien qui a présenté des vomissements dans une voiture risque de subir un conditionnement de type pavlovien qui peut faire le lit du mal des transports, mais aussi avoir des conséquences sur l'apparition d'une éventuelle agressivité. Pourquoi ?

Si votre chiot vomit dès son premier voyage, vous allez peut-être éviter les sorties en voiture qui seraient pourtant nécessaires à sa bonne « socialisation », c'est-à-dire à son adaptation à la vie citadine auprès d'êtres humains. Vous allez, par exemple, vous empêcher de l'emmener dans des endroits variés où il rencontrerait des situations nouvelles. Combien de cas avons-nous rencontrés où les propriétaires ne restaient que dans un périmètre proche de leur domicile afin d'éviter les trajets en voiture, leur chiot ne supportant pas la voiture ? Le résultat était que le chien, une fois adulte, avait une peur manifeste des endroits qu'il ne connaissait pas. Du coup, le conduire par exemple chez le vétérinaire en voiture débutait par un moment de gros stress : le chien vomissait, salivait, s'agitait, gémissait. Et il arrivait de ce fait dans de mauvaises conditions à la clinique vétérinaire. Certains propriétaires aggravaient même le problème en corrigeant leur animal qui s'agitait du fait de ses nausées, alors que cette agitation n'était pas volontaire, mais liée à un malaise. Une fois arrivé chez le vétérinaire, le chien avait assimilé la clinique aux douleurs digestives ressenties pendant le trajet – et, éventuellement, à la correction de son maître. Ultime conséquence : la peur du chien chez le vétérinaire se transformait en agressivité ou en crises de panique parce que l'animal était devenu phobique, voire anxieux.

Ne pas connaître les conditions de transport de son chiot avant son acquisition peut représenter un handicap dont il faut être conscient. Les risques d'une agressivité future liée à une phobie de la voiture ne sont pas à négliger. Nous commençons à voir des magasins qui tiennent compte des conditions du transport des chiots, ils vont parfois eux-mêmes chercher les chiens dans leur élevage. Nous espérons qu'une réflexion générale sur cette question puisse être mise en place, avec pour conséquence notamment la création d'un label comportemental d'élevage.

Un propriétaire attentif à la question du premier transport et aux conditions dans lesquelles il s'est déroulé s'évitera un certain nombre de désagréments, en même temps qu'il permettra à son chiot de mieux s'adapter à sa nouvelle vie. Si vous n'obtenez pas de réponse à cette question, voici toutefois comment vous pouvez procéder pour mettre toutes les chances de votre côté. C'est vous, en effet, qui possédez une des clés nécessaires à la bonne socialisation de votre jeune animal.

Votre premier trajet en voiture

À FAIRE	À NE PAS FAIRE
– Un premier trajet court. – Arrêter la voiture si le chiot salive ou bâille. – Faire prendre le chiot sur les genoux, par une tierce personne, sur le siège passager. – S'arrêter souvent.	– Un premier trajet trop long. – Se trouver seul dans la voiture. – Faire le trajet d'une traite. – Mettre le chiot dans le coffre ou dans une caisse de transport.

Les trajets suivants

À FAIRE	À NE PAS FAIRE
– Aller s'asseoir cinq minutes dans la voiture, moteur allumé sans rouler. – Prendre la voiture juste pour faire le tour du pâté de maisons. – Augmenter chaque jour la durée du trajet de quelques minutes. – Donner une récompense au chiot après chaque trajet. – Utiliser une caisse de transport seulement si le chiot a été habitué au préalable. – Aller consulter un vétérinaire pour obtenir un traitement si le chiot vomit malgré ces précautions.	– Prendre la voiture pour un long trajet, tous les jours, alors que le chiot vomit. – Mettre le chiot dans le coffre ou dans une caisse de transport alors que l'on se trouve seul dans la voiture. (sauf si habituation préalable). – Gronder le chiot s'il vomit ! – Poursuivre ainsi quelques semaines sans consulter.

Pour des raisons personnelles et familiales

➤ *Les situations les plus fréquentes*

Un chien est souvent vu comme un cadeau, que l'on se fait à soi-même ou à d'autres. Et un cadeau constitue très souvent un pari ! Va-t-il plaire ou ne pas plaire ? Et sera-t-il, dans la réalité et la durée, à la hauteur des attentes dont il a été investi, surtout s'il vient en remplacement d'un autre animal qui vient de nous quitter ?

Si vous décidez d'offrir un chien à quelqu'un de votre entourage, il peut y avoir des déceptions qui limiteront l'investissement affectif dont il a tant besoin. Or, même si le chien constitue un des plus beaux exemples de résilience qui existent – séparé très jeune de sa mère, un chiot arrive à surmonter cet événement stressant et à se socialiser –, un contexte affectif d'excellente qualité lui est nécessaire pour se développer harmonieusement.

Un cadeau pour votre « ado » en crise

Mathieu est un ado en crise qui a besoin de s'affirmer à l'égard de ses camarades. Ses parents lui ont acheté un chien, pensant que cela renforcerait sa confiance en lui. L'adolescent a des difficultés de communication avec ses parents et une grande motivation pour acquérir un animal qui l'aiderait à se mettre davantage en avant. Ce choix est-il judicieux ? Quel peut-être le devenir du chien dans ce contexte ?

Un adolescent pourrait réclamer un chien parce qu'il a envie d'exercer une certaine autorité et se montrer plus puissant. C'est ainsi que se sont développés ces chiens dits « dangereux » (voir « Que dit la loi française sur les “chiens dangereux” ? »). Nous vous conseillons de les dissuader d'acquérir ce type de chien – d'autant que ce sont souvent les parents qui récupèrent l'animal deux ou trois ans plus tard, lorsque les adolescents partent faire leurs études. Choisissez avec votre ado un chien qui sera le chien de toute la famille, c'est-à-dire plutôt un chien adapté à la compagnie et dont le « format » est compatible avec votre lieu de vie. En l'absence de personne de sexe masculin dans la famille, nous vous conseillons davantage une femelle qu'un mâle. Et puis, surtout, avant de faire votre cadeau, n'oubliez pas de faire lire à votre ado des livres sur l'éducation des chiots !

Un cadeau pour une personne âgée

Une dame s'est présentée à la clinique pour obtenir des informations sur les races de chiens. Elle voudrait faire un cadeau à sa mère qui est âgée et qui vit seule depuis le décès de son mari. Est-ce une vraie ou au contraire une fausse bonne idée ?

Lorsqu'on souhaite offrir un chien, il est important de se poser la question du risque d'agressivité de l'animal, car ce n'est pas un cadeau neutre, et il faut bien y réfléchir avant de prendre sa décision.

En général, deux cas de figure principaux se dégagent : soit le cadeau plaira inévitablement pour différentes raisons, soit il sera assimilé à un cadeau empoisonné. En tant que praticiennes, nous avons fréquemment rencontré ces deux situations.

- *Premier cas : le cadeau qui fait plaisir* : il existe une demande « tangible » de la part de la personne qui souffre de solitude ou d'un manque d'activité physique ou sociale. Celle-ci désire un chien mais n'a jamais osé franchir le cap. Elle aime les chiens et en a déjà possédé un ou plusieurs dans le passé. Elle sait à quoi s'attendre si vous lui en offrez un. Sa motivation est évidente. L'idée est alors très bonne parce qu'une personne âgée se trouvera moins seule en compagnie d'un chien. Cependant, si vous devez en choisir un, demandez conseil. L'acquisition d'une femelle peut être préférable en premier choix, mais c'est le type d'éducation, plus que le sexe du chien à éduquer, qui doit rester primordial. Le choix de la race ou de la taille du chien est également très important. Pour une personne âgée, nous conseillons plutôt un chien de petite taille – par exemple, un yorkshire, un bichon ou un caniche – de quelques mois si possible – quand l'éducation à la propreté est acquise et que la socialisation aux humains et à ses congénères est correcte. Nous avons plusieurs fois constaté que les chiens de grande race, s'ils n'avaient pas acquis convenablement la marche en laisse, pouvaient devenir une charge pour leur propriétaire lorsqu'ils tiraient trop sur la laisse ou nécessitaient trop de sorties. L'adoption d'un chien provenant d'une association de protection animale peut également être envisagée à condition de connaître le passé de l'animal ; ce n'est cependant pas toujours évident, car ces chiens-là sont souvent adultes ou âgés et n'ont pas forcément eu une socialisation adaptée à la vie en appartement avec une personne âgée.

• *Second cas : le cadeau empoisonné* : le chien ne satisfait pas les attentes : soit il présente un trouble organique ou comportemental, soit son nouveau maître se sent submergé par la responsabilité occasionnée. Or il est préférable que la personne puisse réellement s'engager, et créer avec ce nouveau compagnon un lien d'attachement qui devienne réciproque.

Offrir un animal ne doit pas se faire sans en avoir discuté auparavant avec son futur maître. Celui-ci ne doit pas se sentir piégé en se trouvant devant le fait accompli.

Un cadeau pour des enfants en bas âge, comme compagnon de jeu, comme confident...

Il est dans la nature des enfants d'être attendris par tous les animaux, et par les chiens en particulier. Le chien est un compagnon de jeu, de réconfort, ou encore un confident idéal qui ne le jugera pas. Il est doux à caresser. L'enfant qui grandit avec un chien acquiert très vite le sens des responsabilités, celui du respect d'autrui et s'initie au cycle de la vie. Il comprend également plus facilement des choses sur lui ou sur les autres en observant son animal.

Le choix d'un chien docile est important pour limiter les risques d'agressions futures : par exemple, un cavalier king charles qui appartient au groupe des « chiens de compagnie » selon le classement de la Fédération cynologique internationale – sous réserve qu'il ait été habitué, dès son plus jeune âge, c'est-à-dire avant 4 mois, à la présence d'enfants. Toutefois, sachez que, même si le chien est bien socialisé et qu'il a été « sélectionné » pour la compagnie des humains, on ne peut jamais exclure le risque d'apparition de comportements agressifs : l'agressivité est une notion complexe qui dépend de plusieurs paramètres. En outre, il ne faut jamais oublier qu'un jeune enfant ne sait pas décoder les signaux de menace éventuellement émis par un chien : vous devrez donc toujours rester vigilant.

Bien souvent, l'achat d'un chiot pour Noël constitue le cadeau idéal pour les enfants. Dans ce cas, ce sont les parents qui devront choisir le chien qui leur conviendra le mieux en sachant qu'ils seront responsables de son éducation. Si vous êtes prêt à vous investir sérieusement dans l'éducation du chiot, rien n'empêche d'acquérir un chien de plus grande taille, quelle que soit la race. Si ce n'est pas vraiment le cas, il est impératif que vous vous orientiez vers un chien dit de compagnie – un bichon, un pékinois, un yorkshire, un shih-tzu, un caniche, etc.

Un chiot sait distinguer les enfants des adultes et n'acceptera pas forcément l'autorité des enfants, c'est-à-dire qu'il ne leur obéira pas systématiquement.

L'acquisition d'un chiot nécessite un travail d'éducation qui vient souvent s'ajouter à l'éducation des enfants. Avez-vous la patience d'élever un chiot en plus de vos enfants ?

Un enfant, s'il mûrit au contact de son animal, reste trop jeune pour l'assumer. L'adulte doit être conscient de sa responsabilité et de son engagement sur la durée. Les abandons trop nombreux sont le solde d'une décision non raisonnée. Ce constat aussi, nous le faisons malheureusement au quotidien dans notre métier.

En remplacement d'un chien qui vient de vous quitter

Mme Dupont vient de perdre Sissi, sa petite chienne scottish de 15 ans qui lui avait permis de mieux vivre le deuil de son mari. Anticipant sur sa capacité à surmonter cette perte, elle prend dès le lendemain de la mort de Sissi rendez-vous dans un élevage de scottish pour y faire l'acquisition d'une petite femelle de 2 mois. Deux jours après, elle se présente à la clinique pour nous montrer la petite chienne, qu'elle compare en tout point à Sissi et à qui elle a d'ailleurs donné le même nom.

Est-ce une idée judicieuse et un choix éclairé ?

L'achat d'un chiot immédiatement après le décès d'un chien constitue très souvent une mauvaise solution. Une période de deuil est préférable, voire indispensable, afin de ne jamais comparer le chiot que vous venez de vous procurer au chien tant aimé qui était parfaitement éduqué et qui avait toutes les qualités. De plus, votre tristesse sera ressentie par votre nouveau compagnon qui pourrait développer ainsi un attachement insécure et présenter les troubles du « chien de remplacement », à travers des manifestations anxieuses notamment.

Un chien pour qui, pour quoi ?

– *Un cadeau pour un adolescent* : si votre ado souhaite un rottweiler pour affirmer sa personnalité et que vous lui offrez un bichon, avez-vous réfléchi à la honte qu'il pourrait peut-être éprouver face à ses camarades ?

– *Un cadeau pour une personne âgée* : cette personne a-t-elle vraiment envie d'un chien ? C'est la première question que vous devez vous poser. Si c'est le cas, pensez à son bien-être et à celui du chien. Est-elle capable de le sortir, de le nourrir, de le soigner ? Imaginons une personne qui aurait du mal à se baisser ; elle pourrait se trouver vite dépassée par un chiot qui urine partout parce qu'il n'a pas encore acquis la propreté... Si elle présente des problèmes de santé, il faudra même qu'elle soit aidée dans les tâches courantes qui assurent le quotidien de la vie d'un chien. En outre, si vous décidez d'offrir un chien de sexe mâle à une dame d'un certain âge, sachez que cette dernière pourra éprouver quelques difficultés à imposer son autorité. Et si le chien fait alliance avec cette dame, laissera-t-il alors le médecin approcher quand sa maîtresse aura besoin d'être examinée ou soignée ?
– *Un cadeau pour un enfant* : un enfant reste un enfant ; il est sous l'autorité de ses parents et la responsabilité de la garde du chien revient toujours à ces derniers. En outre, un chien est capable de faire la différence entre un adulte et un enfant et il obéira mieux à un adulte. N'oubliez pas : le plus souvent, ce sont les adultes qui, non seulement, éduquent le chien, mais assurent le gros du suivi. Et un chien peut vivre facilement quinze ou seize ans, surtout avec les progrès de la médecine !
– *Un chien de remplacement* : un chiot qui vient prendre la place d'un chien disparu risque d'être très rapidement comparé à ce dernier. Si vous avez possédé un chien que vous adoriez et que vous vous mettez à pleurer chaque fois que vous voyez votre nouveau chiot, parce qu'il vous rappelle votre ancien animal, le nouvel arrivant risque de se développer avec un attachement insécure et,

donc, de présenter des craintes « infondées » plus tard. Des études ont d'ailleurs montré que les chiens de remplacement présentaient davantage de risques de présenter un trouble du comportement…

➤ *Pensez à anticiper : une situation familiale peut évoluer…*

Bruno et Delphine, un jeune couple sans enfant, viennent d'acquérir Utah, une jeune chienne tervueren de 6 mois qui n'avait pas été vendue plus tôt par son éleveur d'origine. La chienne est assez agitée – notamment, elle mordille beaucoup et saute sur les gens. Les jeunes gens pensent que c'est normal, car l'animal est encore jeune. Ils comptent sur le temps pour que la situation s'améliore. Il s'agit de leur premier chien et ils ne veulent pas le brusquer. Aussi prennent-ils l'habitude d'enjamber Utah lorsqu'elle se trouve dans leur passage, pour ne pas la déranger, et de lui donner à manger à table lorsqu'elle le réclame. Utah a appris qu'en aboyant elle était plus vite servie et n'hésite pas à en abuser. En quelques mois apparaissent des grognements dans certaines circonstances. Les maîtres, inquiets de ce comportement, décident de consulter, car ils envisagent d'avoir un enfant.

Que penser de cette situation ? Et quels sont les enjeux associés ?

Avant même les premiers grognements, les comportements d'agitation observés chez Utah auraient dû alerter ses maîtres, car il s'agit d'une situation prédisposant aux troubles agressifs ultérieurs. Le comportement du jeune couple, lié à des fausses croyances, est venu aggraver la situation. Nous avons affaire ici à une agressivité – Utah grogne pour prévenir d'une éventuelle morsure si ses maîtres insistent – associée à un trouble du développement appelé « hypersensibilité-hyperactivité ». Ce chien est doublement anxieux : d'une part, à cause de son trouble du développement ; d'autre part, à cause de la relation anormale qui le lie à ses maîtres – absence de règles sociales et mauvaise communication. Cette relation anormale, source d'ambivalence pour le chien, est appelée « sociopathie ». Heureusement les propriétaires d'Utah ont décidé de consulter, et une prise en charge tant médicale que comportementale a été mise en place.

• *Lorsqu'un couple se constitue*, on constate que c'est souvent un chien – davantage qu'un chat ou qu'un autre animal – qui est acquis avant l'apparition du premier enfant. Il constitue ainsi le premier élément qui vient agrandir l'espace affectif prévu pour la famille. Son intégration correcte est une condition *sine qua non* pour que tout le monde puisse vivre ensemble.

• *Une fois que les enfants sont là*, beaucoup de familles désirent également acquérir un chien pour élargir encore le cercle familial. Dans ce cas précis, il s'agit souvent aussi d'apporter à l'enfant les bénéfices inhérents à la présence d'un animal de compagnie : respect de l'autre, non-jugement, présence affective qui ne passe pas par la parole, règles qui apprennent à être plus responsable, apprentissage du cycle de la vie, etc.

• *Chez les personnes isolées ou les célibataires*, la présence d'un chien peut pareillement venir remplir différents besoins : combler un manque affectif, réparer la perte d'un autre animal, obliger à sortir, avoir une activité sportive avec leur animal, maintenir un lien social avec l'extérieur, afficher une certaine image…

Dans l'ensemble de ces situations, on le voit, le chien semble investi d'une fonction en relation avec l'attente de son maître.

Cela étant dit, une situation personnelle ou familiale est susceptible d'évoluer avec le temps : un célibataire peut trouver l'âme sœur ou un couple décider de faire un enfant. Dans le cas où l'arrivée du chien précède la formation du couple ou de la famille, il est primordial que l'intégration du chien soit déjà réalisée correctement. En effet, le « danger » lié à la présence d'un chien est souvent associé à des privilèges qui lui ont été laissés plus ou moins consciemment par ses maîtres. Ceux-ci ont souvent tendance à confondre affect et liberté d'initiative et à penser que si leur chien n'est pas libre, il sera malheureux. Or c'est souvent l'inverse qui se produit. En effet, lorsque la position du chien dans un groupe est ambiguë – elle n'a pas de sens en « langage canin » –, elle est source d'anxiété pour lui – l'animal ne comprend pas où sont ses limites. Cette anxiété peut alors se manifester en partie par de l'agressivité, laquelle s'exprimera en premier lieu par des grognements.

> ☞ **À retenir**
> Les grognements constituent toujours les prémices d'un comportement agressif.

Dans tous les cas, mais *a fortiori* en présence d'enfants, il est impératif d'anticiper les conditions nécessaires à la parfaite intégration du chien dans le groupe qu'il formera avec son ou ses futurs maîtres, quelle que soit la nature de ce groupe (personne seule, couple, famille) et son évolution possible. Ces conditions sont au nombre de deux :

1. *Le chien doit être équilibré sur le plan émotionnel* : s'il montre des signes de crainte dans des contextes précis, s'il déambule sans raison, gémit ou vocalise sans arrêt, s'il n'arrive pas à se coucher tranquillement à vos pieds au bout de quinze minutes, alors que tout est calme, vous devez vous interroger sur son équilibre émotionnel, et consulter en cas de doute.
2. *Le chien doit trouver dans le groupe une position qui le conforte dans un statut de dominé* : dominé signifie « soumis dans l'apaisement par connaissance des limites », mais ne doit pas signifier « obéissant par peur ou crainte de recevoir une sanction ». Cette dernière position est source de dangerosité, tandis que la première sera source de complicité.

➤ *Choisir un chien qui corresponde à sa famille*

On entend par groupe, selon le modèle de la famille-meute proposé par Patrick Pageat, l'ensemble des humains vivant avec le chien, c'est-à-dire soit une famille (au moins un adulte avec des enfants), soit un couple (pas d'enfant), soit encore une personne seule.

• *En présence d'enfants*, la condition *sine qua non* à l'acquisition d'un chien est sa socialisation correcte aux enfants, c'est-à-dire sa capacité à s'adapter à la vie citadine et à une famille avec enfants : le chien ne doit exprimer ni crainte ni agressivité envers ces derniers. Nous y reviendrons en détail plus loin (voir « Comment réussir la socialisation de son chien ? »), mais c'est essentiel. Vous devez absolument opter pour un chien avec un bon équilibre émotionnel et, de ce fait, socialisé aux enfants. S'il s'agit d'un chien adulte, vous devez vous assurer que c'est bien le cas en interrogeant la personne qui le cède ; s'il s'agit d'un chiot, ce sera à vous d'entamer ou de poursuivre le travail de socialisation en multipliant les contacts avec des enfants. En outre, même si l'agressivité n'a pas de lien avec la race, il est important de mesurer les bénéfices et les inconvénients des différents types de chiens en fonction de la présence d'enfants. Dans ce cas, ce sont le format et la force musculaire, donc la morphologie de l'animal, qui doivent être pris en compte. Pour exemple, un rottweiler est particulièrement massif et puissant à côté d'un épagneul breton. En présence d'enfants, nous conseillons d'acquérir le second plutôt que le premier !

• *Un couple sans enfant qui acquiert un chien* ne décide pas forcément de la race de l'animal en fonction de l'avenir, c'est-à-dire en fonction de l'arrivée possible, à plus ou moins court terme, d'un enfant. Ce qui est dommageable pour le chien lorsqu'on sait que la disponibilité des maîtres à son égard risque de chuter brutalement lorsque l'enfant paraîtra. Et ce sera d'autant plus dommageable que le chien choisi a un besoin d'activité plus grand. Mais il n'y a pas que la quantité de temps accordée au chien qui diminue. En effet, l'arrivée d'un enfant vient avant tout modifier la structure du groupe, qui passe brutalement de deux à trois personnes en plus du chien. Ce bouleversement social pour le chien est un élément essentiel à prendre en considération.

> ☞ **À retenir**
> Ce sont l'intégration préalablement réussie du chien dans le groupe et sa stabilité émotionnelle qui constituent la meilleure prévention des agressions et, donc, la meilleure « garantie » possible de sérénité dans la vie quotidienne. Le risque zéro n'existant pas, il ne faut, par conséquent, jamais laisser un chien en présence de personnes vulnérables (enfants en bas âge, personnes âgées ou handicapées…) sans surveillance active.

• *Une personne seule* qui ne possède pas d'enfant et qui désire un chien aura sans doute une plus grande liberté de choix dans les races. À condition, bien entendu, que son emploi du temps s'accommode d'un compagnon à éduquer et à soigner. Gare, toutefois, à l'acquisition d'un chien de sexe opposé, car un maître peut parfois prendre un statut d'alter ego de l'autre sexe dans la tête de l'animal – autrement dit, un mâle peut prendre « Madame » pour sa femelle ou une femelle peut prendre « Monsieur » pour son mâle. C'est alors le futur conjoint éventuel de Monsieur ou de Madame qui risquerait d'être mal venu aux yeux du chien. De même, nous ne conseillons pas à une personne âgée d'acquérir un chien de trop grand format, en raison de la force musculaire importante qu'il pourrait déployer, en tirant sur la laisse par exemple.

Quel lieu choisir pour acquérir un chiot ?

En général, la vente d'un chien est une transaction commerciale, régie en particulier par la loi du 6 janvier 1999 (voir « Que dit la loi française sur les "chiens dangereux" ? »). Dans ce cadre, le vendeur doit notamment délivrer à l'acheteur un document concernant les besoins comportementaux du chiot. En outre, la loi du 20 juin 2008 impose, préalablement à la cession, une visite vétérinaire, assujettie à la délivrance d'un certificat de cession (voir aussi « Que dit la loi française sur les "chiens dangereux" ? »). Comme nous allons le voir maintenant, plusieurs solutions s'offrent à vous si vous souhaitez vous procurer un chien : l'élevage, l'animalerie, le refuge ou encore chez un simple particulier.

Acheter un chiot dans un élevage

Si nous choisissons d'acheter un chiot chez un éleveur, nous réalisons en général, un achat raisonné. Notre recherche nous amène à réfléchir et nous ne sommes pas guidés par nos émotions. On peut alors choisir la race après avoir, par exemple, demandé conseil à un vétérinaire ou à un éducateur canin. On peut également choisir le sexe du chien, sachant qu'une femelle sera plus facile à élever pour une femme qu'un mâle.

On peut aussi prendre le temps de se documenter sur la façon d'éduquer un chiot puisque en général on « réserve » son chiot un à deux mois avant d'aller le chercher. L'attente avant l'adoption est toujours à conseiller parce qu'elle oriente l'acquisition vers un choix plus adapté à ses besoins. Si vous avez par exemple décidé d'acheter un yorkshire femelle, vous ne vous laisserez pas tenter par un cocker mâle repéré dans une vitrine.

La principale source d'acquisition d'un chiot se fait dans un élevage. Est considéré comme éleveur, celui qui élève des femelles reproductrices et produit au moins deux portées par an.

Il existe des élevages de différentes tailles :

- *Le petit élevage* : on définit arbitrairement comme tel un élevage comprenant moins de 10 chiens sevrés simultanément.
- *Le moyen élevage* : on définit arbitrairement comme tel un élevage comprenant entre 10 et 50 chiens sevrés simultanément.
- *Le grand élevage* : on définit arbitrairement comme tel un élevage comprenant plus de 50 chiens sevrés simultanément.

➤ *Quel type d'élevage choisir ?*

Lorsqu'on cherche à acquérir un chiot par la filière de l'élevage, il faut se poser les questions pertinentes aptes à nous guider dans notre choix.

Prenons par exemple le cas d'une famille citadine avec des enfants en bas âge et vivant en appartement. Quel peut-être pour cette famille le compagnon « idéal » ? Sans doute moins un siberian husky, « conçu » pour la vie à l'extérieur sous un climat froid et pour parcourir de grands espaces, qu'un chien de petit format qui s'adapte beaucoup plus facilement à la vie en appartement dans un environnement citadin. Il est préférable aussi que ce petit chien soit sélectionné davantage pour sa fonction de compagnie que pour son aptitude à la chasse – mieux vaudra donc opter pour un bichon que pour un jack russel terrier – et qu'il se soit développé dans un élevage de type familial – c'est-à-dire de petite taille avec fréquentation par le chiot de l'habitation des éleveurs – et où les stimulations auront pu être variées.

En effet, la richesse et la diversité des *stimuli* rencontrés par le jeune chiot entre 3 et 12-16 semaines environ lui permettront de s'adapter plus tard aux milieux les plus divers. La vie citadine est loin d'être pauvre tant en bruits qu'en objets de toutes sortes, et ceux-ci pourraient sembler incongrus, voire carrément devenir phobogènes, pour un petit animal qui aurait vécu ses premières semaines dans le silence de la campagne, avec pour seuls stimuli le chant du coq et le cri de quelques animaux de ferme... En ville, il y a toutes sortes de stimulations et d'animations : engins motorisés plus ou moins bruyants – du scooter jusqu'au camion de pompiers –, marchés, gares... Il y a aussi, bien évidemment, des humains de tous types et des chiens de toutes races.

Un milieu de développement semblable au futur milieu de vie – autrement dit, un mode de vie semblable avant et après l'acquisition – favorisera l'adaptation de l'animal. Tout simplement, parce que son cerveau aura « engrammé » entre 3 et 12-16 semaines toutes les données nécessaires pour produire un référentiel d'informations très varié, qui sera « reconnu » quasi systématiquement dans tous les environnements. Un peu comme la carte de paiement à puce qu'on insère dans une machine et qui est reconnue pour l'information requise, parce qu'elle a été programmée pour cela. Entre 3 et 12-16 semaines, le cerveau d'un chien se programme en fonction des informations présentes dans son environnement. Cette période est aussi appelée « période sensible ».

L'inverse est également vrai bien que beaucoup plus rare : un chien qui s'est développé dans un milieu d'une grande complexité risque d'être incapable de s'adapter dans un milieu privé de stimulations. La privation de cette complexité qu'il recherche et ne trouve pas sera également source, à terme, d'anxiété.

Le syndrome de privation sensorielle : un trouble du développement comportemental

Une privation sensorielle chez un jeune chien appelé à vivre en ville fait le lit d'un trouble appelé du même nom : le syndrome de privation sensorielle. Ce trouble fait l'objet d'une fréquence de diagnostic très élevée. Il est du devoir de tous les éleveurs d'informer convenablement un acheteur sur la nécessité de sortir précocement son chien, même si ce dernier n'a pas encore reçu tous ses rappels de vaccins. Nous constatons encore trop souvent que lorsque les chiots arrivent en consultation vaccinale de rappel (3 mois), ils n'ont pas mis le nez dehors depuis le moment de leur acquisition chez l'éleveur (2 mois). Et ce sur le conseil de nombreux éleveurs. Or le risque de perturber l'équilibre émotionnel de l'animal est supérieur au risque viral en l'absence de sortie à cet âge précoce. En outre, le fait de sortir son animal précocement permet de mettre en place beaucoup plus rapidement l'apprentissage de la propreté.

➤ *Quelles questions se poser et quels paramètres vérifier lorsqu'on visite un élevage ?*

Nous vous proposons ici de suivre un programme très simple, baptisé des initiales des paramètres essentiels à l'équilibre émotionnel de votre chiot. Il s'agit du programme SFM :
- S comme socialisation,
- F comme filtre sensoriel,
- M comme mère (entendre : « compétence maternelle »).

Qu'entend-on par « socialisation » ?

La socialisation est le mécanisme par lequel les êtres vivants entrent en contact les uns avec les autres. Il ne s'agit pas d'une fonction innée. La socialisation se réalise sous l'influence des apprentissages, eux-mêmes facilités par les expériences précoces. Ces expériences débutent en général au sein de la fratrie, sous la forme de jeux notamment.

Lorsqu'on visite l'élevage, il est important d'y rechercher la présence de sources d'enrichissement social pour les chiots – par exemple, la présence de frères et sœurs – et de poser un certain nombre de questions :

- Si le chiot est unique, comment cette socialisation se réalise-t-elle ?
- Y a-t-il des congénères d'autres races ? Combien sont-ils ?
- Les chiens sont-ils en liberté, ce qui facilite les interactions ? Quelle est la configuration spatiale de l'élevage ? Y a-t-il, par exemple, des courettes prévues pour les animaux plutôt que des box exigus qui favorisent moins les déplacements ?
- D'autres espèces sont-elles représentées dans l'élevage (chats, lapins, chevaux) ? Si oui, ont-elles des contacts avec le(s) chiot(s) ?
- L'éleveur est-il un homme ? Une femme ? Ou s'agit-il d'un couple ? Quels sont leurs âges respectifs ?
- Quelles sont la fréquence et la durée des contacts ? De quel type de contacts s'agit-il, sachant qu'après l'âge de 3 semaines il est conseillé de pratiquer des manipulations douces sous forme de caresses et de jeux, en évitant les jeux de tiraillement ?
- Y a-t-il des enfants dans la famille de l'éleveur – sachant que plus il y a d'enfants au contact des chiots, plus la socialisation des chiots aux enfants sera aisée ? Ces derniers ont-ils un contact avec les chiots, sachant que, s'ils ont un contact, il faut qu'il soit tactile et doux ?
- Y a-t-il un accès libre aux visiteurs, sachant que les visites favorisent, elles aussi, la socialisation des chiots ?
- La mère de la portée est-elle présente pour encourager l'exploration des chiots en rayon autour d'elle ? Les chiots peuvent-ils venir régulièrement se rassurer au contact de cette figure d'attachement apaisante ?

Le rôle essentiel des mères

En incitant le comportement exploratoire de ses chiots en étoile, la mère favorise indirectement leur socialisation, car les chiots explorent un peu plus loin à chaque fois, tout en demeurant apaisés grâce aux phéromones qu'elle sécrète au moment de l'allaitement au niveau du sillon intermammaire. Au cours de la socialisation, un chiot apprend principalement les modalités de relations entre individus, c'est-à-dire l'ensemble des rituels qui régissent la communication entre ceux-ci. La mère joue un rôle important dans ce processus.

De nos jours, il est rare de trouver des élevages qui ne travaillent pas à la socialisation des chiots, car la plupart des chiens sont destinés à la compagnie. Ce que l'on nommait autrefois les « chiens de hangar » ou les « chiens de couloir », élevés en isolement social total et familiarisés à une seule personne, celle qui dressait en général l'animal à l'attaque, est loin de représenter la situation actuelle observée dans les élevages. Certains élevages possèdent également une pièce d'éveil, situation idéale pour les chiots.

Un conseil

Avant l'acquisition du chiot, si les futurs acquéreurs ont arrêté leur choix sur un individu de la portée, il est possible de réduire le stress de l'acquisition en introduisant dans l'environnement des vêtements qu'ils auront portés ou manipulés.

Qu'entend-on par « filtre sensoriel » ?

Une famille vient à la clinique prendre des informations pour acquérir un chiot. Les gens ont déjà visité un élevage de west highland white terriers, la race sur laquelle s'est porté leur choix. L'élevage se situe en pleine campagne dans un environnement extrêmement calme. Les chiots n'ont pas accès à l'habitation des maîtres. Ils se trouvent avec les adultes dans un chenil et, bien qu'ils soient sortis régulièrement à l'extérieur, l'environnement reste calme. La famille de futurs adoptants vit, elle, en centre-ville dans un appartement.

Ce chiot partira-t-il avec tous les atouts pour s'adapter convenablement à son nouveau milieu ? Ses nouveaux propriétaires auront-ils des devoirs particuliers pour faciliter cette adaptation ?

Le filtre sensoriel constitue le niveau de tolérance, ou niveau d'adaptation, que le chiot aura acquis en fonction de la diversité des *stimuli* rencontrés dans son environnement au cours de la période sensible. Selon le niveau atteint, le filtre sera soit opérationnel (stimulations suffisantes), soit défaillant (stimulations insuffisantes).

Lorsqu'on visite l'élevage, il est important d'examiner l'environnement et les sources potentielles d'enrichissement sensoriel du milieu. La pièce d'éveil constitue un moyen très efficace pour favoriser la mise en place d'un bon niveau d'adaptation. Il s'agit d'une pièce riche en objets de formes et de structures variées qui favorisent l'éveil de l'ensemble des sens (notamment la vue, l'ouïe, l'odorat, le toucher).

Pour en revenir à notre famille désireuse d'acquérir un west highland white terrier, l'idéal serait de choisir un élevage riche en stimulations. D'autant que le chiot est plus proche de 4 mois que de 2 – en principe, un chiot est vendu à l'âge de 2 mois –, car il reste moins de temps pour qu'il puisse bien s'adapter.

Quand on habite en ville

Lorsque le niveau de tolérance d'un chiot est élevé, on dit qu'il possède un filtre sensoriel compétent. Pour un chien appelé à vivre en milieu urbain, un élevage en ville constitue une solution idéale, mais elle est rare. Pour ce cas de figure, les sources de stimulation seront d'autant plus indispensables que l'élevage se situe en zone rurale. Le CD *Éducanin*, qui est un disque de bruitages pour l'éducation des chiots, peut accélérer leur habituation aux bruits de la ville dans tout élevage pauvre en stimulations sonores et désireux de parfaire l'équilibre émotionnel de ses chiots.

Qu'entend-on par « mère » ?

Beaucoup de clients désireux d'acquérir un chiot et qui se présentent à la clinique pour demander conseil ont déjà visité des élevages. Très souvent, lorsqu'on les interroge, ils racontent qu'ils n'ont pas vu la mère, car elle était séparée des chiots. Celle-ci, aux dires de l'éleveur, était remise à leur contact uniquement au moment des repas.

Que faut-il en penser ? Cela est-il suffisant ? Est-ce que la mère détient uniquement un rôle de nourrissage ou bien participe-t-elle activement à l'éducation de sa progéniture ?

Nous l'avons dit, la mère d'un chiot a un rôle prépondérant et indispensable dans le modelage éducatif de ses chiots. Dans le programme SFM, on résume par le mot « mère » la compétence que celle-ci aura exercée sur sa progéniture pour l'éduquer, en lui permettant notamment d'acquérir des autocontrôles de bonne qualité. Un chiot éduqué par sa mère est d'abord un chiot qui sait se contrôler : il tient en place et ne mordille pas de façon incessante.

En effet, un chiot avant l'âge de 3 mois est sans cesse corrigé par sa mère lorsqu'il montre des comportements trop agités.

Quand il a des jeux trop brutaux avec ses frères et sœurs ou qu'il la mordille, elle le sanctionne. Le chiot s'arrête alors immédiatement et se soumet à elle. Il exprime sa soumission en léchant les babines de sa mère et en se mettant sur le dos. Signalons que, lorsque des chiots se mordent douloureusement dans des jeux, ils poussent des cris, ce qui fait intervenir la mère qui arrête les morsures instantanément, même si les jeux reprennent juste après. Une mère chienne intervient donc de très nombreuses fois dans la journée. Dès qu'il y a excitation des chiots, elle les arrête, sanctionnant le mordeur en utilisant des postures et des comportements qui peuvent nous paraître très violents, mais qui sont sans aucun risque pour les chiots.

Une bonne socialisation prévient les morsures

Toutes les interactions chienne/chiots ou chiots/chiots avec intervention de la mère permettent l'acquisition des autocontrôles. Ainsi, à travers les sanctions de la mère et les mordillements des congénères, les chiots apprennent-ils que la morsure et les comportements moteurs sont des actes que l'on doit contrôler.

La présence de la mère au sein d'une portée et jusqu'à l'âge minimum de 2 mois est donc une des clés nécessaires à l'acquisition du contrôle de la morsure et de l'ensemble des autocontrôles moteurs.

Pour cette raison, il est important de savoir, lorsqu'on visite un élevage, si le chiot a encore des contacts avec sa mère, voire avec d'autres chiens adultes – n'importe quel individu adulte est capable de réguler un chiot. S'il est privé depuis un certain temps de tout contact avec un congénère adulte, il faut aussi pouvoir déterminer si l'éleveur effectue ce travail de régulation lui-même, notamment à travers des soins et des manipulations.

Dans le cas particulier d'un chiot orphelin (mort de la mère à la mise bas par exemple), des questions spécifiques se posent : comment le relais a-t-il été mis en place ? Y a-t-il dans l'élevage une mère de substitution – qui allaite sa propre portée par ailleurs ? L'éleveur est-il lui-même un éducateur compétent ? Il est également important dans ce cas de bien vérifier la présence d'autres chiots.

➤ *Y a-t-il des élevages plus indiqués que d'autres ?*

Nous avons vu plus haut qu'il existait différentes tailles d'élevages. Cette taille peut influer indirectement sur les trois paramètres du programme SFM que nous venons de vous proposer pour vous aider à acquérir un chien.

Globalement les grands élevages sont ceux qui ont le plus d'efforts à fournir en termes d'investissements pour améliorer le filtre sensoriel et pour assurer la compétence maternelle. Puis viennent les moyens élevages, suivis des petits. En ce qui concerne la socialisation, les trois sortes d'élevages ont autant d'efforts à fournir. En effet, la taille de l'élevage n'a pas d'influence statistiquement significative sur ce paramètre. Insistons, une nouvelle fois, sur l'importance de la présence d'une pièce, ou structure d'éveil, car elle représente une solution intéressante dans un grand nombre de cas pour améliorer les trois paramètres que sont la socialisation, le filtre sensoriel, la compétence maternelle. Nous conseillons toujours à un futur adoptant, s'il en a la possibilité, de visiter l'élevage dans lequel le chiot est né.

Hormis les paramètres d'élevage que nous venons d'évoquer, et les normes d'hygiène qu'il est convenu de respecter, mentionnons ici deux autres facteurs qui jouent un rôle dans le développement comportemental des chiots :

- La présence d'un espace suffisant, qui favorise le comportement exploratoire des chiots.

• L'existence d'un chauffage et d'une climatisation corrects, qui optimisent le développement comportemental. Une température trop élevée ou, *a contrario,* trop basse peut en effet freiner les capacités exploratoires des chiots en pleine période sensible, et déclencher un trouble affectant leurs capacités adaptatrices.

En résumé

Lorsqu'on va acheter son chien dans un élevage, il faut vérifier au minimum que le chiot paraisse en bonne santé et que rien ne semble suspect. Sans présenter trop d'agitation non contrôlée, le chien doit venir facilement au contact des visiteurs. Il doit pouvoir être manipulé en tolérant la contrainte. Il doit encore se trouver avec sa mère et sa fratrie à l'âge de 6-8 semaines, et ce de façon continue ou de manière suffisamment fréquente pour que la mère puisse pourvoir à son rôle d'éducatrice.

Acheter un chiot dans une animalerie ou l'adopter dans un refuge

Nous l'avons vu, il est facile de « craquer » en passant devant une vitrine et de faire un achat coup de cœur sans que cela corresponde forcément à un choix raisonné (voir « Pour quelles raisons choisit-on un chien ? »). Il en va de même lorsqu'on visite un refuge, d'autant que les animaux qui s'y trouvent ont souvent vécu une histoire difficile. En cas d'adoption dans un refuge ou une animalerie, le défaut majeur est la lacune de garantie quant à l'origine réelle de l'animal, car il est impossible de voir les parents.

➤ *En cas d'acquisition dans une animalerie*

Généralement l'acquisition *via* une animalerie est une étape supplémentaire par rapport à l'acquisition dans un élevage, puisque les chiots arrivant en animalerie proviennent eux-mêmes d'élevages – l'âge légal de la vente est de 2 mois. Ainsi, lorsqu'on acquiert son chiot en animalerie, il existe donc un risque qu'il soit plus âgé – par exemple 4 mois au lieu de 2, s'il est resté un peu de temps en magasin – et qu'il présente, par la suite, davantage de difficultés à s'adapter à son nouveau mode de vie. Le chiot, afin d'être vendu plus facilement, peut alors être présenté comme plus jeune qu'il n'est en réalité. Attention également aux chiots qui proviennent de filières étrangères et qui ont souvent été séparés précocement de la mère.

Par ailleurs, il est impératif que les animaux ne séjournent pas trop longtemps en animalerie, compte tenu de leurs conditions de vie dans ces magasins. Plusieurs paramètres sont ici à prendre en compte pour éviter des problèmes qui pourraient conduire votre chiot à devenir agressif avec les humains ou avec les autres chiens :

• *La fréquence des contacts tactiles et visuels avec les êtres humains et la variété des âges et des sexes des personnes en contact avec le chiot* : la socialisation de votre chiot à l'être humain pourrait être affectée s'il ne reçoit pas assez de stimulations.

• *Le mode de regroupement des chiots* : attention aux chiots très jeunes et isolés et aux lots de chiots sans distinction d'âge ni de race. Ces chiots sont susceptibles de présenter par la suite des troubles du comportement, car la socialisation ou les autocontrôles auront été affectés. En effet, l'absence de contact avec des congénères ou l'absence de chien adulte régulateur et notamment de la mère – dont les chiots ont été de surcroît séparés plus ou moins précocement – peuvent constituer un préjudice grave pour l'équilibre émotionnel de votre animal. Ce sera d'autant plus vrai si le soigneur ne se substitue pas à la mère dans ce rôle de régulation des contacts. Dans cette optique, il serait indispensable que les animaleries fixent des délais pour la vente ou diminuent le prix des chiots, notamment s'ils approchent des 4 mois, pour éviter des problèmes et inciter à la vente.

• *Les stimulations environnementales* : les chiots trop longtemps restés en cage sont susceptibles de développer des phobies pouvant évoluer en troubles graves, dont l'agressivité.

• *La présence d'espèces étrangères* au contact des chiots : leur absence limite, en effet, la socialisation à des espèces connues.

Mentionnons, enfin, qu'outre les problèmes d'agressivité ou de peur liés à l'acquisition d'un chiot en animalerie, l'apprentissage de la propreté, par retard d'exposition à son milieu futur de vie, peut également être plus difficile.

➤ *En cas d'adoption dans un refuge*

Si vous adoptez un animal dans un refuge, vous n'êtes évidemment pas à l'abri de porter votre choix sur un animal déjà abandonné une première fois pour des raisons comportementales. Ce sont souvent de jeunes chiens chez lesquels les symptômes sont apparus à la sortie de la « petite enfance » ou au moment de la puberté et qui ont été, pour cette raison, abandonnés précocement par leurs premiers maîtres. Attention toutefois aux généralisations : ce n'est pas le cas de tous les chiens qui « atterrissent » dans les refuges, fort heureusement !

D'une façon générale, il est plus fréquent de trouver des adultes que des chiots dans les refuges. Lorsqu'il s'agit de chiots, ceux-ci peuvent être volontairement écartés des chiens adultes le temps de leur trouver des adoptants, et cette mise à l'écart, si elle se prolonge, risque de constituer un problème, notamment pour l'acquisition des autocontrôles. L'idéal serait que les chiens de tous âges soient placés ensemble et que les chiots soient manipulés régulièrement et leurs mordillements sanctionnés. Pensez à vérifier ce critère lorsque vous vous rendez dans un refuge.

Essayez toujours de glaner le maximum d'informations sur les raisons pour lesquelles un chien s'est retrouvé en refuge. A-t-il été trouvé ? A-t-il été déposé par ses maîtres ? Pour quelles raisons ? Présentait-il des troubles du comportement ? De quel ordre ?

Si vous adoptez un chien dont les troubles du comportement (destructions, malpropreté, aboiements excessifs, peurs, agressivité) ne s'atténuent pas dans un délai de quelques jours à quelques semaines, il est important de consulter rapidement un vétérinaire comportementaliste afin qu'il puisse porter un pronostic et remédier au problème.

À noter que l'adoption dans un refuge ne constitue pas réellement une vente. Le retour au refuge en cas de trouble grave, en particulier de comportements agressifs persistants, même après un bilan comportemental chez un vétérinaire, constitue alors la meilleure solution, quitte à perdre le montant du don. L'histoire d'un animal peut être complexe et sa réponse aux thérapies se révéler défaillante, même si la médecine comportementale permet aujourd'hui de sauver la vie de nombreux chiens autrefois euthanasiés.

Est-il conseillé d'acquérir un chiot chez un particulier ?

Bella est une chienne cocker acquise à l'âge de 2 mois. Elle est née dans une famille avec enfants et est restée au contact de sa mère et de sa fratrie jour et nuit. L'appartement dans lequel elle est née est situé en ville, en rez-de-jardin. Sa famille d'origine recevait beaucoup de visites, en particuliers d'enfants. L'ancienne maîtresse a commencé à mettre les chiots sur la pelouse pour l'acquisition de la propreté. Sa famille d'adoption habite en milieu urbain dans une maison avec jardin et comporte également des enfants.

Ces conditions sont-elles favorables à l'épanouissement émotionnel du chiot ? Oui, car les deux milieux de vie – avant et après acquisition – sont très proches, ce qui est de nature à optimiser le développement comportemental du chiot – autrement dit, son équilibre émotionnel.

À part le refuge et l'animalerie, un acquéreur peut effectivement s'adresser à un particulier. Il peut s'agir d'une famille demeurant en ville, comme dans l'exemple cité ci-dessus. Ces deux caractéristiques sont importantes si le chiot est un futur chien de famille ou un futur chien citadin, voire les deux. Le bénéfice d'une telle acquisition réside dans le fait que les conditions de développement du chiot seront alors très proches de ses futures conditions de vie. Parmi les conditions initiales à retenir, citons la présence d'enfants et d'autres animaux, des stimulations similaires, une séparation d'avec la mère aux alentours de 2 mois, des sorties précoces et régulières. Son équilibre émotionnel a ainsi été favorisé et devrait permettre de garantir en partie la prévention de troubles majeurs. Signalons ici, et nous y reviendrons en détail tout au long de cet ouvrage, que la suite de l'éducation représente également une part importante dans l'équilibre du chien, en particulier pour la prévention des comportements agressifs.

Race, sexe, conditions de vie : comment faire le bon choix ?

Faut-il se méfier de certaines races de chiens ?

Nous avons évoqué en introduction le fait qu'il n'existe pas de lien causal entre un comportement agressif et une race en particulier. En effet, chez le chien, l'agressivité, lorsqu'elle est avérée, s'exprime à titre individuel ou, tout au plus, familial. En outre, pour les grands types d'agressions répertoriés (voir « Quels sont les différents types d'agressions chez un chien ? »), ce sont souvent les conditions environnementales qui entrent en jeu et la génétique n'a strictement rien à faire là-dedans (voir aussi « Existe-t-il un lien entre agressivité et génétique ? »).

➤ *Un chien est avant tout un animal social*

Quelle que soit sa race, un chien est un animal social, capable d'attachement, qui, par ses recherches d'attention et ses regards, communique avec ses maîtres en essayant de comprendre ce qui se passe. Quand tout se déroule bien, cette communication évolue dans une curiosité et une complicité réciproques. En revanche, lorsque le chien n'arrive plus à décrypter ce qui se passe autour de lui, il peut révéler son malaise en développant de l'anxiété, qui peut évoluer vers de l'agressivité, et cela n'aura rien à voir avec la race à laquelle il appartient.

> ☞ **À retenir**
> Il est fondamental de comprendre que l'agressivité chez le chien n'est pas une affaire de race ; c'est une fonction comportementale parmi d'autres. Les conduites agressives appartiennent au répertoire comportemental *normal* d'un chien, quelle que soit sa race, au même titre que le comportement alimentaire ou le comportement sexuel.

Donnons un exemple, facile à comprendre, d'agression possible liée au non-respect des règles de la communication canine. Un chien qui est autorisé tous les jours à s'installer sur le canapé de sa propre initiative et à en descendre lorsqu'il le désire se fait brusquement signifier la nécessité de libérer la place, car elle est désirée. Cette reprise, brutale et ponctuelle, d'un privilège acquis, constitue un acte de communication que l'animal ne peut pas interpréter correctement et qui peut devenir source d'agression contre un propriétaire, pourtant bien aimé.

Presque toujours, lorsqu'on écoute des maîtres ou des professionnels parler de comportement chez le chien revient le terme de « dominance » ou de « hiérarchie ». En éthologie, c'est-à-dire en science du comportement, la hiérarchie est la résultante des comportements d'association (ou affiliatifs) et de combat (ou agonistiques) entre les membres du groupe, qui permet de ranger les individus selon un ordre déterminé. Cet ordre confère à certains une supériorité qui se manifeste par l'accès à certains privilèges. La notion de hiérarchie est l'objet de débats de pleine actualité chez le chien. Nous n'y entrerons pas, car le statut domestique du chien en fait probablement un animal à part.

Pour notre part, plutôt que de système hiérarchique, il nous paraît plus approprié, surtout à l'intérieur d'un groupe mixte – chien vivant parmi des humains – de parler de système structuré au moyen de règles sociales, même si, pour simplifier ici, nous pouvons continuer d'employer le terme de hiérarchie. Le contrôle des privilèges dans certains domaines qui ont un sens pour le chien est une manière d'imposer ces règles.

Ces règles forment un cadre qui permet de limiter l'agressivité d'un chien, quelle que soit sa race, tout en favorisant l'épanouissement de l'animal. Elles sont associées à la qualité de la communication qui le lie à son maître.

Dans une famille avec enfants, les parents sont détenteurs de l'autorité et de l'organisation de la famille. Et, bien qu'il existe des règles variables d'une famille à l'autre, les enfants ne sont pas livrés à eux-mêmes : ils sont dépendants des décisions des parents et de la manière dont celles-ci sont transmises par le biais d'une communication qui peut être efficace ou déficiente. La suprématie parentale définit un cadre avec des limites et la communication rend, ou pas, ce cadre épanouissant. Toutes proportions gardées, l'éducation d'un chien, quelle que soit sa race, est assujettie à des contraintes de même type.

➤ *L'agressivité d'un chien est toujours multifactorielle*

L'agressivité est un état dans lequel un chien est susceptible de produire un grand nombre d'agressions en réaction à un événement survenant dans des circonstances précises. Un comportement résultant toujours des interactions d'un individu avec son environnement, un chien répondra différemment en fonction du contexte.

Aucune étude scientifique ni statistique ne permet, à ce jour, de faire le lien entre une race et l'occurrence de comportements agressifs, c'est-à-dire entre la morphologie d'un chien et son comportement. En revanche, de nombreux paramètres ont été identifiés qui concourent à l'état d'agressivité d'un chien. Ils peuvent être soit organiques, soit comportementaux.

- *On entend par causes organiques* tous les paramètres ayant une répercussion sur l'état de santé du chien, notamment les maladies qui sont susceptibles d'atteindre son organisme. Mentionnons, à titre d'exemples, les troubles associés au vieillissement ou les douleurs chroniques comme l'arthrose.
- *On entend par causes comportementales* tous les paramètres ayant un impact sur le comportement du chien : son passé et, notamment ses conditions de développement ; son statut hiérarchique, c'est-à-dire sa position au sein du groupe auquel il appartient ; son état émotionnel ; les circonstances de l'agression ; le comportement du maître et la communication qu'il instaure avec son animal, etc.

Les causes de l'agressivité chez le chien

Dès la première agression, une visite chez le vétérinaire est fortement recommandée. C'est lui qui déterminera quelle sont les causes, organiques ou comportementales, de l'agressivité chez votre chien.

Les causes organiques de l'agressivité

Un bilan comportemental est aussi un bilan de santé vétérinaire. Ce n'est qu'après avoir éliminé les pathologies engendrant de l'agressivité que votre vétérinaire procédera à l'analyse comportementale de votre animal. Par exemple, un chien devenu diabétique peut présenter une augmentation de l'appétit qui l'amène à agresser l'enfant avec qui il vit, si celui-ci s'approche de sa gamelle.

Les causes comportementales de l'agressivité chez le chien

Elles sont nombreuses, mais voici les plus fréquentes :

- *Les conditions de développement* : comme elles coïncident avec la période allant de la naissance jusqu'à l'âge de 3-4 mois, elles dépendent, la plupart du temps, de l'élevage où se trouve le chien et de la compétence des soignants qui y travaillent. Un chiot privé de tout contact humain durant les premiers mois de sa vie pourrait, par exemple, mordre par peur un inconnu qui viendrait vous rendre visite.
- *Le statut hiérarchique* : il correspond à la perception qu'a le chien de sa position dans le groupe « chien-humains ». Si celle-ci n'est pas clairement définie, votre animal risque d'agresser. Attention : agressivité peut vouloir dire compétition. Si votre chien a l'habitude de dormir avec vous parce que vous êtes célibataire, il est possible qu'il agresse le jour où vous le renverrez dans son panier d'un ton ferme parce qu'un nouvel ami est arrivé dans votre lit...

– *L'état émotionnel* : lorsqu'un chien a peur, il risque de ne pas « réfléchir avant d'agir ». Imaginons une ambiance festive – un soir de 14 Juillet, par exemple, avec des feux d'artifice. Si votre chien présente une phobie des feux d'artifice et se cache ce soir-là sous une table, il risque de mordre un enfant qui essaierait de l'en dégager pour le faire changer de place. Une excellente socialisation aux enfants ne changera alors rien au comportement de ce chien apeuré et « happé » par sa phobie.
– *Certaines circonstances particulières* : prenons le cas d'un chien qui sort d'un refuge. Sa nouvelle famille n'ayant pas eu le temps de mettre en place de nouveaux rituels, cet animal peut commencer par présenter des réponses comportementales qui ne sont pas adaptées à ce nouveau contexte. Ainsi, si vous laissez votre chien monter sur le canapé le premier jour, alors que son ancien maître le battait quand il le faisait, il pourra montrer des signes d'agressivité au moment où vous vous approcherez de lui en levant le bras. Ce chien n'est sans doute pas agressif, mais il n'a pas eu le temps de s'adapter à sa (votre) nouvelle façon de vivre.
– *Le comportement du propriétaire* : un propriétaire qui a peur va transmettre sa peur à son chien et peut-être également de l'agressivité.

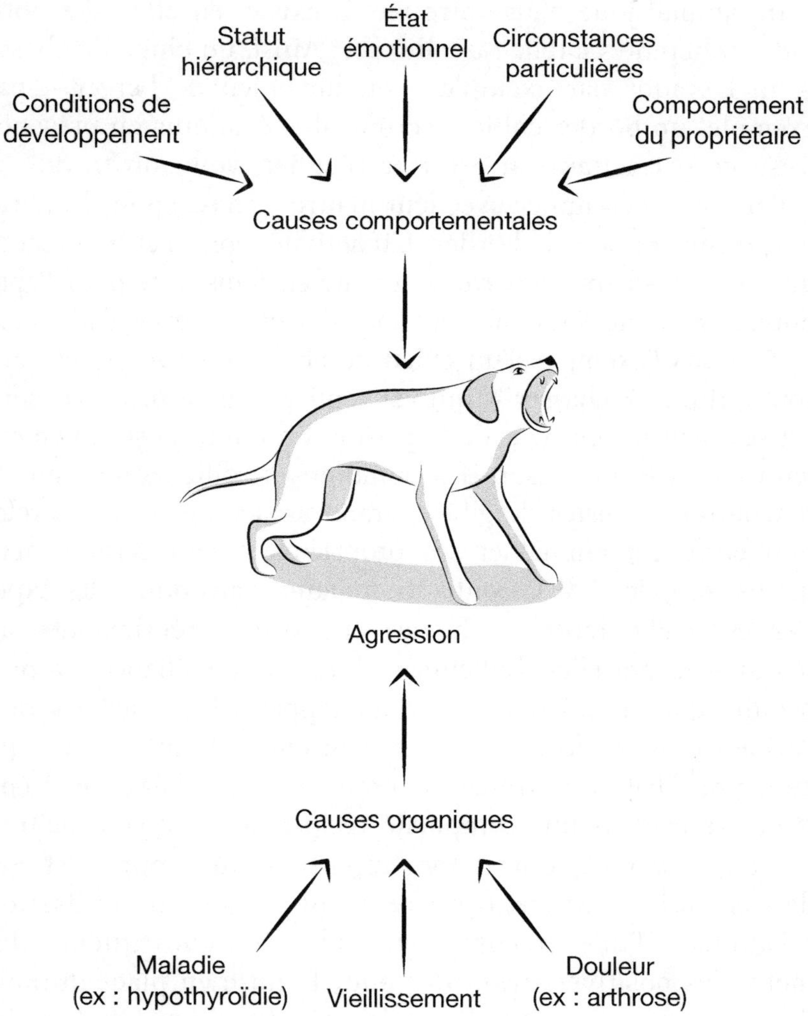

➤ *Tous les chiens ne présentent pas les mêmes aptitudes*

L'agressivité n'étant pas une question de race, comme nous venons de le voir, le choix d'une race de chien doit avant tout se faire en fonction du « rôle » que vous souhaitez que votre animal joue dans votre vie. Il existe, en effet, des aptitudes inhérentes à telle ou telle race. Ainsi, un chien de chasse – un labrador par exemple – ou un chien de berger – par exemple, un border collie – seront plus épanouis en présence d'espace permettant un exercice régulier, voire un travail en collaboration complice avec leur maître – chasse pour le labrador, troupeau pour le border. L'inactivité, voire l'enfermement durable, sans rupture par une activité enrichissante pour l'épanouissement de l'animal peut en effet être source d'anxiété.

Prenons l'exemple d'un chien de chasse – sélectionné pour son aptitude à chasser – qui est tenu en laisse dès qu'il sort, car ses maîtres ont peur de le perdre. En forêt, il est également tenu en laisse en raison des nombreuses sollicitations qui s'y rencontrent – pistes de gibier, grand espace ouvert... La relation entre cet animal et ses propriétaires sera certainement moins complice, car la confiance manque. Sans doute des expériences malheureuses – fugues et, parfois, réprimandes au retour – auront-elles d'ailleurs renforcé cette méfiance. La probabilité que ce chien revienne au rappel s'il est lâché sera à l'évidence moins forte que celle d'un chien de même race qui aura pris l'habitude d'aller se promener sans laisse de façon régulière et dans une complicité réciproque avec son maître.

Précisons ici que le rappel appartient aux apprentissages de base qui s'acquièrent précocement. Le jeu ou l'utilisation raisonnée d'une récompense adaptée constituent des méthodes positives très utiles pour la mise en place durable de ces apprentissages. Dans le cas du chien de famille, l'apprentissage du « assis », par exemple, est très rapide lorsqu'on utilise la récompense alimentaire. La gamelle elle-même constitue le meilleur atout. Elle est présentée au-dessus de la tête du chien auquel on intime l'ordre de s'asseoir. Celui-ci s'exécute et obtient sa gamelle en contrepartie. Au bout de quelques répétitions, l'apprentissage est intégré par le chien.

La part génétique des comportements

On estime qu'environ 20 % des comportements chez le chien sont hérités génétiquement, ce qui est globalement faible. Ces comportements, toutefois, prédisposent un chien à certaines aptitudes comme la chasse, la garde, la compagnie, etc. De ce point de vue, le choix de la race n'est donc pas négligeable lorsqu'on souhaite acquérir un animal. Il n'est pas inutile de savoir que le pointer a été sélectionné pour la chasse, le berger allemand pour la garde, le bichon pour la compagnie, etc. En revanche, l'agressivité *stricto sensu* n'a pas de déterminisme génétique racial scientifiquement prouvé.

Faut-il prendre en compte le sexe de l'animal ?

Voici les questions que vous vous poserez peut-être concernant le choix du sexe de votre futur chien :

- Que penser des femelles par rapport aux mâles ?
- Les femelles sont-elles plus douces, comme on l'entend souvent dire ?
- Existe-t-il une relation entre le sexe du chien et celui de son nouveau maître ? Et si oui, laquelle ?

En réalité, le sexe ne présente pas ici une influence majeure et déterminante ; tout est plutôt affaire d'éducation. Pour le dire autrement, peu importent le sexe du propriétaire ou celui du chien si ce dernier est bien éduqué par son maître !

S'il n'est pas totalement faux de dire que les femelles sont souvent à préférer en première acquisition ou lorsque la famille d'accueil est composée de femmes, un mâle correctement intégré, dont le statut est clair et sans ambiguïté, ne posera aucun problème. Ce sont avant tout les caractéristiques de la relation – qualité de l'attachement, clarté de la communication, règles à l'intérieur du groupe – qui la rendront harmonieuse, qu'il s'agisse d'un chien mâle ou d'un chien femelle.

Précisons aussi qu'un maître de sexe masculin possède des « atouts naturels » qui indiquent distinctement à son animal qu'il est bien un mâle – c'est pour cette raison que les hommes ont souvent beaucoup moins de difficultés que les femmes à se faire obéir d'un chien, quel qu'en soit le sexe. Par exemple, la voix masculine est beaucoup plus grave et monte rarement dans les aigus même s'il se fâche. À l'inverse, une femme qui se met à crier paraîtra facilement plus faible ou fragile, voire inspirera un climat de peur que l'animal percevra. En outre, un homme est souvent spontanément plus ferme qu'une femme ; or l'hésitation est pour l'animal directement source d'information erronée et indirectement source d'anxiété...

L'importance du cadre de vie

Un jour, un jeune homme entre dans la clinique en expliquant que, depuis son plus jeune âge, il a toujours rêvé de posséder un montagne des Pyrénées. Ce rêve d'enfant a notamment été inspiré par la série télévisée *Belle et Sébastien.* Ses parents ont toujours refusé d'avoir un chien, et le jeune homme voudrait à présent concrétiser son rêve. Il habite dans un tout petit studio au dernier étage d'un immeuble sans ascenseur dans le centre d'une grande ville.

Que penser de cette situation pour ce choix de race ? Ce choix est-il judicieux ?

Le cadre de vie doit être analysé en fonction des besoins de l'animal. Doivent être pris en compte, d'une part, ses besoins physiologiques, y compris ses besoins d'activité, qui sont en rapport avec ses aptitudes, et, d'autre part, ses besoins affectifs et son équilibre émotionnel.

L'espace ne fait pas tout...

Il est bon de garder également à l'esprit qu'un chien qui vit dans un jardin, mais qui reste seul des journées entières sera certainement moins épanoui s'il n'interagit que rarement avec son maître qu'un chien qui vit en appartement, mais qui partage avec son maître des sorties régulières et riches pour son équilibre. Même pour les races rustiques – par exemple, certains chiens de berger comme le briard ou le labrit –, l'idéal est d'avoir un jardin qui répond aux besoins naturels du chien (courir), mais cela ne suffit pas : tous les chiens ont besoin d'avoir des interactions nombreuses avec leur maître.

Un montagne des Pyrénées est un chien qui garde les troupeaux, il ne rassemble pas, mais protège le troupeau en aboyant et en s'interposant entre l'intrus et les animaux. Il est naturellement adapté à la vie en montagne, comme le prouvent sa morphologie puissante et sa fourrure dense. C'est un chien qui a également besoin d'espace. Il est donc peu adapté à la vie citadine où il risque de moins bien s'épanouir, bien que ce soit un chien beaucoup moins impulsif que les terriers par exemple. En outre, ses aboiements, très sonores, peuvent être considérés comme une nuisance, s'ils deviennent intempestifs. Autrement dit, un montagne des Pyrénées peut, à l'instar de n'importe quelle autre race, vivre en ville s'il est équilibré et qu'il s'intègre bien dans son groupe social, mais ce n'est pas le cadre qui lui correspond le mieux.

Une race étant l'aboutissement d'un processus de sélection génétique, un chien plus spécifiquement sélectionné pour la compagnie, comme un bichon ou un caniche, souffrira moins de ne pas vivre à la campagne, à condition tout de même qu'il bénéficie de bonnes relations avec ses maîtres, qu'un chien sélectionné pour une activité d'extérieur, comme un jack russel terrier ou un chien de garde de grande race type berger allemand.

Est-il important que la mère du chiot soit restée avec lui jusqu'à son départ ?

Suzie, une femelle golden retriever de 6 mois, est conduite à la clinique, car elle détruit absolument tout dans la maison et passe son temps à mordiller la peau ou les vêtements de ses propriétaires. Elle n'a pas été montrée avant, car tous ses vaccins avaient été réalisés en province. Suzie a été choisie dans un élevage où l'éleveur ne laissait pas la mère avec les chiots pour ne pas abîmer ses mamelles. Comme elle faisait deux portées par an, il ne fallait pas trop la fatiguer. Les maîtres ont choisi cette chienne, car elle était très joviale et est venue tout de suite à leur contact lorsqu'ils ont visité l'élevage. Aujourd'hui, ils sont épuisés, car elle ne tient pas en place et n'est pas à l'écoute. Elle leur saute sans cesse dessus et paraît infatigable.

Est-ce le comportement normal d'un chien de 6 mois ? L'agitation est-elle imputable au jeune âge ou à autre chose ? Quel est le rôle de la mère dans l'acquisition de l'équilibre émotionnel ?

Tous les chiens n'ont pas les mêmes besoins d'activité. Toutefois, sur une courbe de Gauss mesurant l'activité d'une population de chiens, la plupart se répartissent dans la moyenne, même si l'on trouve toujours des animaux aux deux extrêmes (besoins élevés ; peu de besoins).

Dans l'acquisition de la capacité à se contrôler, l'enfance de l'animal joue un rôle capital. Comme chez l'être humain, toute perturbation installée durant cette période fera le lit d'autres troubles à l'âge adulte. Une fois encore, la génétique, c'est-à-dire les caractéristiques individuelles avec lesquelles l'animal est venu au monde et, notamment, son tempérament, n'explique pas tout.

Bien sûr, la maturation physique et sociale du chien est un paramètre non négligeable. En vieillissant, un chien devient en général plus posé, plus placide, mais il ne le deviendra jamais si sa mère ou un autre individu adulte, quel qu'il soit, capable de se substituer à elle n'a pas joué son rôle régulateur durant les premiers mois cruciaux de son existence.

La compétence maternelle constitue donc un autre critère incontournable dans le choix d'un chiot (voir aussi « Acheter un chiot dans un élevage »). Il est, en effet, important de s'orienter vers une mère qui présente elle-même une bonne stabilité émotionnelle, c'est-à-dire qui ne soit en l'occurrence ni peureuse ni inhibée. Autrement, elle risque de transmettre par imitation ses comportements inadéquats à sa portée et de ne pas être en mesure d'éduquer correctement ses chiots.

Par ailleurs, il faut que cette mère possède de bons autocontrôles pour pouvoir réguler correctement ses jeunes chiots. Un chien qui serait incapable de se contrôler lui-même n'est pas en mesure d'inculquer quoi que ce soit à sa progéniture. C'est le cas des chiens hypersensibles-hyperactifs qui réagissent à des stimulations très faibles et qui, ayant un seuil de tolérance rapidement franchi, sont incapables d'avoir un comportement ordonné. La plupart du temps, ils épuisent leur maître à défaut de savoir s'arrêter. En outre, ils dorment très peu. Ces chiens hypersensibles-hyperactifs sont très souvent eux-mêmes anxieux.

Avant même la naissance

Il est important pour l'équilibre émotionnel du futur chiot que la période de gestation se passe dans le calme et que la mère soit fréquemment et doucement caressée au niveau du ventre durant cette période. En effet, le bien-être de ces manipulations sera ressenti par les fœtus, dont la sensibilité tactile débute entre le 38e et le 42e jour de gestation.

Quels cas particuliers peut-on rencontrer ?

Monsieur et Madame ont pris rendez-vous pour choisir le chiot qu'ils vont acquérir. L'un des chiots se précipite tout de suite vers eux en remuant la queue tandis que le reste de la portée met quelques secondes avant de réagir, mais tous viennent chercher le contact et montrent un comportement enjoué et sans crainte. Finalement, le couple opte pour le chiot qui s'est approché d'eux en premier.

Ce chiot peut donc être vu comme le critère qui a présidé à son choix par ses acquéreurs. Dans ce cas, il s'agit d'une décision liée aux émotions perçues au contact des animaux, d'une évaluation individuelle des chiots. Aucun test n'a été validé scientifiquement pour prédire avec certitude le caractère d'un animal. Les tests de Campbell, qui ont longtemps été utilisés, ne sont plus considérés comme fiables par la communauté scientifique.

Voici d'autres situations très fréquentes que l'on peut rencontrer en cas d'acquisition.

Nous avons décidé d'adopter un second chien en plus de celui que nous avons déjà

Deux cas de figure se présentent, qui ne posent pas exactement les mêmes difficultés : soit ce second chien est un jeune chiot, soit c'est déjà un adulte.

➤ *Nous voulons acquérir un chiot*

Carla est une chienne rottweiler de 3 ans. Lorsque ses maîtres ont décidé de prendre un deuxième chien, ils ne s'attendaient pas à être confrontés à un problème d'agressivité. Carla est une chienne très bien socialisée aux autres chiens, elle fréquente régulièrement les clubs d'agility et a passé ses tests d'évaluation avec succès.

Un jour, ses maîtres sont rentrés à la maison, avec un second chiot mâle de race bichon. Ce chiot bichon avait été choisi dans une portée de cinq chiots parce qu'il semblait « vif et dynamique ». Dès que le chiot est arrivé à la maison, à la grande surprise de ses maîtres, Carla a foncé sur lui ; elle l'a ensuite plaqué au sol en grognant dès qu'il s'est approché de sa gamelle. Tout de suite après, ses maîtres les ont séparés et ont pris rendez-vous pour un bilan comportemental.

Pourquoi Carla a-t-elle présenté autant d'agressivité envers ce petit chiot bichon ? Ce chiot était-il vraiment en danger ?

D'une manière générale, il ne faut pas intervenir si le chien adulte paraît se montrer « agressif » envers le chiot et, par exemple, s'il émet des grognements quand ce dernier approche de la gamelle – le plus souvent, le jeune chiot se soumet d'ailleurs très rapidement. Il est important de bien distinguer l'agressivité entre congénères et l'apprentissage des règles sociales de type ordre d'accès à la nourriture ou contrôle exercé par un individu adulte. Ce comportement qui peut paraître agressif est en réalité un apprentissage exercé par l'adulte sur un jeune.

Dans le cas d'un apprentissage de l'ordre d'accès à l'alimentation, on parle de « hiérarchisation alimentaire ». Le chiot comprend qu'il doit attendre que les adultes aient terminé leur repas pour accéder à la gamelle. Il s'agit donc de la régulation d'un comportement moteur. Sachez que lorsqu'un chiot montre une agitation quelque peu excessive, sa mère n'hésite pas à y répondre par un comportement qui peut nous sembler « agressif ». Certaines se jettent littéralement sur leurs chiots trop agités pour les calmer, et les plaquent au sol ; d'autres vont même jusqu'à s'asseoir sur leur progéniture, mais en se contrôlant...

Prenez modèle !

Plutôt que de réprimander votre chien adulte, il faut prendre exemple sur son comportement « éducateur ». Votre objectif doit être d'installer, à votre manière, une structure dans la relation sociale qui va vous unir à ce nouvel arrivant. Cet effort à fournir sera le garant de la bonne intégration de votre chiot dans le groupe que vous formerez tous ensemble et, donc, de l'équilibre émotionnel de votre nouvel animal.

Outre l'éducation active que vous allez instaurer en dictant des interdits à votre chiot et en lui apprenant à se contrôler – vous renforcerez aussi ses bons comportements par le biais de récompenses –, il vous faudra mettre en place tous les apprentissages passifs (voir « Comment réussir la socialisation de son chien ? ») et le soumettre notamment à des milieux variés pour optimiser ses capacités d'adaptation futures.

Le rituel des repas

Voici les consignes que vous devez suivre dès le départ et que vous devez poursuivre par la suite :

- Distribuer les repas au même endroit pour les deux chiens et après le vôtre.
- Poser les gamelles, puis partir immédiatement.
- Laisser les chiens se débrouiller.
- Peser le jeune chien régulièrement et surveiller sa courbe de poids ; ne s'inquiéter que s'il perd du poids et consulter alors votre vétérinaire.

Si vous décidez de distribuer le repas des chiens avant le vôtre pour des raisons pratiques, il est préférable de le décaler légèrement dans le temps ou dans l'espace (une heure avant ou dans un autre lieu) ou de ne pas le distribuer alors qu'ils le réclament ou de leur faire réaliser une activité avant.

Par la suite, votre chiot parviendra à la puberté et naturellement une hiérarchie s'instaurera entre vos deux chiens. Il est primordial de repérer et de ne pas perturber cette hiérarchie, au risque d'installer un trouble de la communication entre les deux animaux. Vous devez absolument laisser les rapports hiérarchiques s'installer entre vos chiens. En revanche, afin de conserver la « direction des opérations » en restant le chef du groupe, veillez à ne tolérer aucun conflit entre eux en votre présence. Vous le manifesterez à vos deux chiens désormais adultes soit en vous détournant ostensiblement d'eux et en quittant la pièce, soit en interrompant le conflit dès son amorce et en mettant les animaux à l'écart.

À partir de la puberté, vous devez penser globalement à restreindre au maximum les privilèges de vos chiens (voir aussi « Quelles sont les règles sociales à faire respecter par son chien ? »). Qu'il s'agisse de l'initiative des contacts, de l'occupation des meilleures places, de la gestion de l'espace ou des prérogatives alimentaires, ces privilèges doivent demeurer l'apanage du maître. Ce modèle simplificateur fonctionne admirablement pour prévenir les problèmes d'agressivité chez le chien. C'est pourquoi nous insistons sur son utilisation comme mode d'emploi. Néanmoins, instaurer des règles ne signifie pas faire régner une dictature de la peur et affirmer son autorité ne veut pas dire se comporter comme un despote.

Les principes que nous exposons dans ce guide, basés sur la non-compétition et associés à des méthodes d'apprentissage positives qui utilisent la récompense, permettent de prévenir les éventuels problèmes d'agressivité. La non-compétition résulte en général d'une éducation basée sur des règles qui évitent les conflits et qui ont un sens pour un chien. Cela dit, pour peu que l'attachement et la relation soient de bonne qualité, certains chiens peuvent parfaitement bien se comporter, même si toutes ces règles ne sont pas respectées. Force est de constater que la domestication du chien a débouché sur une relation homme-animal unique en son genre, une relation singulière où se mêlent l'affect, parfois l'empathie et l'amitié, et la collaboration réciproque.

➤ *Nous voulons acquérir un chien adulte*

Introduire un second chien adulte chez un couple qui a l'habitude des chiens paraît d'une grande simplicité. Pourtant, dès le premier jour, Stan, lévrier afghan de 2 ans, est accueilli par un coup de dent de Paulia, berger belge qui est pourtant d'ordinaire très sociable avec ses congénères. Alors pourquoi ce coup de dent le premier jour de l'adoption de Stan ?

Stan aime bien les canapés, ses anciens maîtres lui en laissaient le libre accès et, lorsqu'il est entré dans sa nouvelle maison, il a élu domicile sur celui du salon. Paulia, elle, est un chien bien éduqué qui ne monte jamais sur un canapé sans autorisation. Voyant que ses maîtres ne disaient rien à Stan, elle est intervenue directement pour corriger Stan et le faire descendre. Si ses nouveaux maîtres avaient interdit le canapé à Stan, Paulia n'aurait pas mordu.

Bien souvent, lorsqu'on adopte un chien adulte, on éprouve de la pitié à son égard parce qu'il a été abandonné par son ancienne famille. Or les bonnes habitudes doivent se prendre dès le premier jour et tous les rituels canins être mis en place simultanément.

Comment réagir s'il y a agression entre deux chiens adultes ? Si vous criez pour l'arrêter, vous risquez, par vos cris et votre colère, de renforcer la compétition entre vos animaux. Ne pas tolérer de conflit, c'est savoir l'interrompre d'une voix ferme dès qu'il débute. Si toutefois les chiens grognent et que vous êtes dépassé, mieux vaut encore partir, laisser les chiens communiquer tout seuls et... ne pas craindre le petit coup de dent. En effet, si vous avez peur, vos chiens le sentiront et considéreront qu'il y a un danger. Et, pour eux, le danger, ce sera l'autre chien !

Nous voudrions avoir un chat en plus de notre chien

➤ *Comment introduire un chaton lorsqu'on possède déjà un chien ?*

Victoire, petite chatte de 7 semaines, est emmenée en consultation par sa maîtresse, car elle vit cachée dans un placard depuis cinq jours. Elle a peur du yorkshire de la maison, qui la poursuit à chaque fois qu'elle tente de sortir du placard. La chienne a été élevée avec des chats et ne présente aucune agressivité envers Victoire. Elle est juste curieuse et désire materner ce chaton.

Est-ce que les interactions entre la petite chatte et la chienne ne seraient pas aggravées par sa propriétaire ? En effet, la maîtresse a peur dès que Victoire « crache » en présence de la chienne ; elle se met alors à crier. Ces cris constituent un signal pour le chaton qui les interprète comme un danger. De même, la chienne considère que si sa propriétaire crie, c'est parce que le chaton est dangereux.

L'objectif de la consultation est de donner confiance à la maîtresse et de la rassurer sur l'avenir du chaton. Il aurait été plus simple qu'elle demande conseil avant l'adoption du chaton ; la réussite de cette adoption dépendra du talent du vétérinaire comportementaliste face à la gestion de la peur de sa cliente. En cas de conflit entre deux animaux, il est important que le vétérinaire explique au propriétaire qui en a peur les interprétations différentes qui en sont faites par nous, les humains, et par eux, les carnivores domestiques. « Parler chien » ou « parler chat », c'est avant tout les comprendre.

Comme chien et chat ?

Un chien sait reconnaître un chaton comme un animal ayant des caractères juvéniles. S'il a été habitué aux chats, lorsqu'il était lui-même en période de socialisation, il a appris que les chats ne se chassaient pas, qu'ils ne faisaient pas partie des proies comestibles. Il a appris à les respecter. La curiosité face à un chaton va l'inciter à venir le sentir, le lécher parfois pour le materner.

Quelqu'un qui s'interpose entre deux animaux modifie leurs comportements parce qu'il introduit des émotions négatives. La peur que ressent un être humain est immédiatement perceptible par le chien adulte qui connaît bien les réactions de son maître. Une peur ne se cache pas, le chien la devine même si son maître ne parle pas ; il est capable de percevoir la tension du corps de son propriétaire, quand il ne s'agit pas de la tension sur la laisse.

Pour prouver à sa maîtresse que la situation entre Victoire et son yorkshire allait s'améliorer, il a été demandé à une autre personne de la famille de s'occuper du couple chien-chaton. Cette personne a été informée et a accepté cette responsabilité. Les relations se sont améliorées immédiatement et, dès le lendemain, le chaton dormait avec la chienne dans le même panier.

L'idéal, lorsqu'on acquiert un second animal d'une autre espèce que le premier, est que l'animal des lieux soit socialisé à l'espèce qui va investir le nouveau domaine. Cela aide à habituer les deux animaux l'un à l'autre et facilite leur cohabitation. En d'autres termes, un chien qui a eu l'habitude des chats dans son passé acceptera plus facilement un nouvel arrivant chat. Un chien qui n'en aurait pas fait l'expérience présentera sans doute plus de difficultés pour s'habituer. Cependant, en « se rendant compte » que l'autre est un individu juvénile et, donc, immature, son agressivité devrait être logiquement et naturellement inhibée.

Le chaton, s'il est lui-même né dans une famille avec un chien, s'acclimatera sans problème à une nouvelle famille qui comprend un chien adulte. Si ce n'est pas le cas, il s'acclimatera d'autant plus vite qu'il est plus jeune au moment de son acquisition. Avant 7 semaines, la socialisation aux espèces étrangères chez le chaton est optimale. Toutefois, s'il n'est arrivé qu'à 2 mois parce qu'il est resté, pour des raisons éducatives notamment, avec sa mère dans sa famille d'origine, il finira quand même par s'habituer. Cela demandera simplement un peu plus de temps.

➤ *L'adoption d'un chat adulte est-elle possible lorsqu'on possède déjà un chien ?*

Comme dans le cas du chaton acquis après 2 mois, c'est-à-dire après la période sensible où la socialisation est optimale, le chat adulte finira par s'habituer. Il faut signaler cependant que les comportements seront plus rigides, notamment vis-à-vis de l'espèce inconnue et, donc, que l'habituation risque d'être plus longue, plus difficile et, *in fine*, moins parfaite.

Favoriser l'habituation

Si le chat adulte n'a jamais côtoyé de chien auparavant, plusieurs paramètres peuvent toutefois concourir pour favoriser cette habituation :

- L'habituation se fait dans un espace restreint, mais où il existe une « issue » pour le chat – un lieu d'isolement comme un refuge en hauteur par exemple.
- Le propriétaire évite de s'interposer, de peur cela se passe mal, en séparant les animaux. Il faut que ceux-ci puissent « se rendre compte » mutuellement de l'innocuité de la situation, sans stress supplémentaire.
- Le chien présente un comportement calme, ce qui le rend moins anxiogène pour le chat qu'un chien agité.

Il faut savoir que le chat est un animal inféodé à son domaine de vie, c'est-à-dire que son équilibre émotionnel repose sur l'organisation de son espace. En effet, tout chat divise son lieu de vie en champs virtuels dévolus à des activités distinctes : jeux, élimination, alimentation, etc. Entre ces espaces, il emprunte des trajets identiques le long desquels il se frotte et dépose des phéromones qui ont une fonction apaisante – il balise son domaine vital. Ces odeurs seront à nouveau perçues à chacun de ses déplacements.

Aidez-vous des phéromones !

Pour un chat sur le point d'investir un lieu déjà occupé par un chien, il peut être utile de brancher avant son arrivée un diffuseur de phéromones de familiarisation (disponibles chez votre vétérinaire) qui favorisera son apaisement dans son nouveau cadre. Ces phéromones seront de même nature que celles que le chat dépose sur des objets. On facilitera ainsi sa cohabitation avec les différents éléments de son nouveau milieu, y compris avec le chien qui est perçu comme tel. Il est également possible de frictionner les flancs du chien avec des phéromones d'allomarquage (également disponibles chez votre vétérinaire) qui seront de même nature que celle que le chat dépose sur les êtres vivants en s'y frottant en signe de familiarité.

N'oubliez pas qu'un chat parvient toujours avec un minimum de signaux à tenir un chien même imposant en respect. Il se déplace alors lentement et ostensiblement devant le regard attentif du chien immobile. Sa nature légendaire et flegmatique de « seigneur félin » peut être rapidement observée en présence de tout nouveau chien qui investit le milieu de vie du chat après quelques jours d'adaptation et à condition que les maîtres n'interviennent pas.

Comment préparer l'arrivée de bébé quand on possède un chien ?

Il s'agit d'un sujet très fréquemment abordé en consultation. Parce que le principe de précaution prévaut dans le type de prévention que nous préconisons dans ce livre, commençons par rappeler qu'avant d'être un animal de compagnie, un chien est d'abord un carnivore prédateur, muni de griffes et de dents. C'est pourquoi sa socialisation à l'espèce humaine élargie à l'enfant, qui n'est pas génétique mais découle d'un apprentissage effectué durant une période clé – la période sensible –, constitue une condition indispensable à sa bonne intégration dans une famille avec enfants. Le point d'orgue en sera le bénéfice que cet enrichissement affectif réciproque apportera à toute la famille.

Insistons bien sur un point : un bébé, qui se déplace à quatre pattes, ne sera pas perçu « automatiquement » comme un humain par votre chien. Il est donc absolument nécessaire qu'il soit socialisé au préalable à différents « types » d'humains de sexe et d'âge variés, y compris aux enfants, filles ou garçons, qu'ils aient quelques mois ou quelques années. Par ailleurs, comme les enfants sont plus agités et ne se comportent pas comme des adultes, il est fortement conseillé que la tolérance du chien aux enfants ait été développée avant l'âge de 4 mois. Une habituation plus tardive serait plus longue et difficile.

➤ *Un préalable indispensable : la visite chez le vétérinaire*

La présence d'un chien nécessite souvent d'anticiper l'arrivée de l'enfant en consultant un vétérinaire, de préférence comportementaliste ou compétent en comportement. Une fois que l'arrivée du bébé devient imminente, il est absolument nécessaire de faire vérifier par votre vétérinaire la « non-dangerosité » de votre chien :

• *Le vétérinaire évaluera notamment les facteurs de risque* en réalisant un examen clinique minutieux et approfondi – afin d'éliminer une altération sensorielle (vue, ouïe) ou une douleur chronique – et en tenant compte du gabarit du chien.

• *Un examen comportemental complémentaire* permettra de juger, en outre, de sa socialisation aux enfants, de sa stabilité émotionnelle, de sa position hiérarchique dans la famille et du degré d'attention qui lui est accordé. En effet, malgré l'inhibition naturelle des animaux adultes envers des individus immatures – c'est ainsi que sont perçus les enfants en bas âge –, un chien qui posséderait une position floue dans le groupe familial et qui pourrait donc présenter une anxiété liée à une communication ambivalente est toujours susceptible de commettre des agressions. Dans ce cas, une prévention adaptée, réalisée par des conseils et un traitement appropriés, devra être instaurée par le vétérinaire.

➤ *Après la naissance*

Une fois que votre bébé est né, il est inutile de le présenter à votre chien ou de déballer devant lui l'ensemble de son trousseau. Non seulement cela n'a aucune signification éthologique pour votre animal et ne signifie rien de particulier pour lui, mais ce dernier n'en a pas besoin pour capter les nouvelles odeurs liées à la présence de l'enfant !

Pour le reste, il est essentiel que vous assuriez à votre animal le même rythme de vie que celui qu'il avait avant et, notamment, que vous ne l'excluiez pas des activités du groupe quand bébé est présent pour ne l'y faire participer que lorsqu'il dort. Cela dit, il est fondamental que le chien possède une place précise qui lui soit attribuée, tant au sens propre – un lieu de couchage – qu'au sens figuré – une position hiérarchique basse, fondée sur une communication claire et cohérente à son égard.

☞ **À retenir**

• Les enfants en bas âge (moins de 3 ans) ne décodent pas les signaux de menace des chiens tels que les grognements ou les fuites.

• Les enfants un peu plus âgés (entre 4 et 8 ans) ne regardent souvent que la tête du chien et passent donc à côté de la posture globale de l'animal qui fournit en elle-même un grand nombre d'informations sur son état émotionnel. En outre, ils confondent souvent les expressions amicales avec les expressions de la peur.

Il est important d'informer les enfants sur la prudence qu'ils doivent observer vis-à-vis des chiens en général, même les plus dociles. Le plus simple est sans doute de leur expliquer qu'il faut, avant tout contact, toujours demander aux adultes présents la permission de caresser l'animal.

➤ *Les précautions à prendre au fur et à mesure que votre enfant grandit*

Chronologiquement parlant, voici les consignes à respecter en fonction de la tranche d'âge de votre enfant :

• *Entre 0 et 6 mois* : l'enfant ne se déplace pas encore ; les risques sont donc limités. Il n'y a pas de consigne particulière.

• *Entre 6 et 18 mois* : l'enfant se déplace à quatre pattes, roule en trotteur, puis commence à marcher. À cet âge, il est peu sensible aux interdits et difficilement contrôlable par ses parents. Il est donc impératif de le surveiller et de rendre inaccessibles les zones de repos du chien pour que ce dernier ne se sente pas agressé. Un coup de trotteur mal à propos est toujours susceptible de déclencher une agression par irritation.

• *Entre 18 mois et 3 ans* : l'enfant teste son entourage et transgresse l'interdit. Il recherche spontanément et activement le contact avec les animaux – sauf lorsqu'il a eu une expérience négative avec un chien. Ce contact, il va le chercher sans être encore en mesure de percevoir les signaux de menace qui préviennent une agression. Une vigilance importante s'impose donc et elle sera d'autant plus nécessaire que le chien a un statut hiérarchique ambivalent – c'est le cas, par exemple, d'un chien à qui son propriétaire « obéit » systématiquement sauf lorsqu'il lui réclame de la nourriture, parce qu'il le juge trop gros. Les agressions dans un tel contexte sont davantage prévisibles, et le danger, par conséquent, plus important. Il est impératif de ne jamais laisser un enfant de cet âge seul avec l'animal.

• *Au-delà de 3 ans* : l'enfant commence à percevoir les signaux d'agressivité que le chien manifeste – babines retroussées, grognements, etc. ; il comprend et obéit mieux même s'il ne doit toujours pas être laissé seul avec l'animal.

On estime que le danger lié à l'âge de l'enfant et, donc, à son pouvoir de compréhension persiste jusqu'à l'âge de 6-7 ans. Cela ne signifie en aucun cas qu'au-delà il devient nul. Même s'il s'amenuise, d'autres critères peuvent entrer en ligne de compte. Par exemple, quand votre enfant aura bien grandi, votre chien percevra l'approche de la puberté et la maturation sociale que l'adolescence implique par le biais des phéromones. Il sera impératif à ce moment-là qu'il ait déjà une position subalterne afin qu'il ne se mette pas en compétition hiérarchique avec votre adolescent...

Comment éduquer son chien ?

Une fois votre chien choisi, quelles sont les règles que vous devez appliquer pour que ce nouveau venu s'intègre au mieux dans votre famille ? Comment l'habituer à son nouvel environnement ? Comment réussir sa socialisation ? Quels rituels mettre en place ? Et quelles mesures prendre, dès les premiers jours, pour prévenir tout risque d'agression ?

Comment communiquer avec son chien ?

Existe-t-il des règles de communication canine ?

Ce dont il faut prendre conscience avant même d'acquérir un chien, c'est qu'un chien est, en premier lieu, un être vivant et qu'en tant qu'être vivant, il possède des spécificités propres à son espèce, notamment un mode de vie – c'est un animal social qui vit en meute – et un répertoire comportemental qui le caractérise – il organise sa vie de groupe à travers des règles qui contribuent à la stabilité de ce groupe. Partant de là, il est indispensable d'adapter votre registre au sien. En d'autres termes, il faut « parler chien » à votre chien.

Connaître et comprendre le répertoire de communication du chien facilite toujours les relations et, *de facto,* participe à son bien-être. En effet, dans ce cas, le chien se sent « compris », ce qui évite qu'un « terrain » anxieux ne s'installe chez l'animal. Si nous insistons autant sur ce point, c'est parce que nous avons constaté dans notre pratique que le flou relationnel entre un chien et son maître était très fréquent. Or non seulement ce flou est source de mal-être pour l'animal, mais l'anxiété inhérente à ces relations ambivalentes est susceptible de produire de l'agressivité.

Savons-nous vraiment « parler chien » ?

Peut-on vraiment parler de « langage canin » ? Et comment comprendre le langage des chiens ?

En éthologie, on apprend à observer le comportement des chiens et à étudier leur mode de communication. Ces animaux avaient leur propre langage avant de nous rencontrer. C'est ensuite, par la domestication, qu'ils ont appris à cohabiter avec l'homme et à s'adapter à son mode de vie.

La connaissance du mode de communication des chiens nous aide à mieux les comprendre. Aussi, si vous souhaitez acquérir un chien, serait-il judicieux que vous vous informiez sur les différents langages qu'il possède afin de mieux le comprendre et aussi d'en être mieux compris. Tous les mots que vous utiliserez les premiers jours, sachez bien que votre chien ne les comprendra pas !

➤ *Quelle est la place du toucher chez un chien ?*

Le langage du toucher, ou langage tactile, est l'un des premiers modes de communication entre un chiot et sa mère, même *in utero*. Un chiot naît sourd et aveugle et il sera attiré par tout ce qui est chaud et douillet. Pendant les mois qui suivent sa naissance, le toucher va prendre une très grande place dans sa vie. Lorsque votre chiot arrivera à la maison pour la première fois et que vous lui mettrez la tête dans votre cou, il sentira votre chaleur et, à votre contact, trouvera un apaisement.

• *Un chiot qui arrive dans un nouvel environnement a besoin d'être rassuré par le contact d'un adulte* : en clinique vétérinaire, nous pratiquons cet échange dès qu'un chiot arrive pour une hospitalisation ; nous ne commençons jamais par des soins douloureux. Les assistantes vétérinaires rassurent le chiot en le mettant dans leur cou avant de le poser sur la table de soins. Le langage tactile chez le chiot est un des langages les plus importants pour l'apaisement.

• *Le toucher n'a pas la même signification en fonction des zones* : pincez la queue d'un chiot et il va s'asseoir ; appuyez-lui sur la nuque et il va se mettre sur le dos ; massez-lui les yeux et il va se calmer.

• *Le toucher n'a pas les mêmes effets en fonction de l'âge du chien* : par exemple, si vous prenez un chiot par la peau du cou à 6 mois, il va avoir très peur et mal réagir, surtout si vous le secouez en même temps, il peut ressentir une immense détresse, alors que, à 1 mois, il s'immobilisera sans crainte.

Conseils pour les premiers jours

Un maître doit connaître les bases du langage tactile du chiot s'il veut éviter de commettre des erreurs qui pourraient conduire à de l'agressivité plus tard. Voici les conseils de base pour les premiers jours qui suivent l'adoption :

- Prenez votre chiot, portez-le près de votre cou et caressez-le le plus souvent possible pour le calmer.
- Ne l'attrapez jamais par la peau du cou si vous constatez que cela l'inquiète ou qu'il couine.
- Mettez-le souvent sur le dos pour lui masser le ventre, le cou et le pourtour des lèvres et des yeux.
- Massez-lui le ventre, le pourtour de l'ombilic, lorsqu'il est sur le dos, jusqu'à ce qu'il se détende totalement. Faites-le plusieurs fois par jour, comme si vous étiez sa mère chienne.
- Massez-lui le bout des pattes et les ergots afin qu'il s'habitue à être manipulé dans cette zone ; devenu adulte, il se laissera ainsi couper les ongles.

Pour bien vous faire comprendre l'importance du toucher, voici l'histoire de Gaston, un jack russel de 3 mois et demi que sa maîtresse nous amène pour un bilan comportemental. Dans la salle de consultation, le chiot déambule sans s'arrêter et bâille souvent. Une fois sur la table, il est impossible de le bloquer sans qu'il mordille les mains et s'agite en grognant. Sa propriétaire est persuadée d'être tombée sur un chien « dominant » et « hyperactif ». Les assistantes de la clinique sont très inquiètes et pessimistes compte tenu des risques de morsure sur sa maîtresse qui est une septuagénaire de faible corpulence.

Après l'examen physique du chiot, les réponses aux questions que nous posons nous apprennent que Gaston dort seul dans la cuisine depuis son adoption à l'âge de 7 semaines. Il gémit et pleure toutes les nuits. Sa maîtresse nous explique qu'elle « ne veut pas lui donner de mauvaises habitudes » et qu'elle veut qu'il dorme seul « pour devenir un chien adulte courageux ».

Nous comprenons que Gaston est en détresse affective et qu'il a besoin d'un attachement plus sécurisant pour se développer. Nous demandons à Madame de le faire dormir au pied de son lit par terre, dans un panier, et de le manipuler le plus souvent possible en lui massant le pourtour des lèvres, des yeux, le poitrail, les pattes. Il ne faut le corriger en lui fermant la gueule que lorsqu'il mordille les mains et il suffit pour cela de lui appuyer sur les babines en regard de ses petits crocs pointus afin qu'il s'y pique ! La propriétaire de Gaston accepte de changer ses habitudes et de suivre nos conseils.

Nous revoyons Gaston huit jours plus tard. Sa maîtresse le trouve beaucoup mieux, il ne pleure plus la nuit et dort bien. En consultation, nous arrivons à le manipuler sans aucun grognement de sa part. La transformation du chiot est impressionnante.

Le contact physique et la communication tactile sont essentiels. Ils permettent d'obtenir un apaisement qui agit sur la qualité du sommeil de l'animal. Si le chiot dort mieux, s'il est apaisé, il devient plus calme et moins agressif. La propriétaire de Gaston comprend que si elle avait sanctionné son chiot de plus en plus durement et si elle avait continué à le laisser dormir tout seul la nuit, son état se serait aggravé.

Toucher, manipuler, masser

- *Un chiot se trouve apaisé par le massage du pourtour des babines* : à cet endroit, il existe en effet des fibres nerveuses qui appartiennent au réseau sérotoninergique. L'action de ces fibres est bien connue au cours des tétées des nouveau-nés. Lorsque ces fibres sont stimulées, le chien se calme rapidement. Un chiot qui ne reçoit aucun contact est en général un chiot agité !
- *Un chiot s'habitue facilement à la manipulation de toutes les parties de son corps :* lorsqu'un chien adulte est amené chez un vétérinaire ou un toiletteur pour une coupe de griffes et qu'il n'a jamais été « touché » dans ces zones-là, il risque de contester en s'agitant, en grognant ou même en mordant ! Plus un chiot est massé, jusqu'au bout de chaque doigt, plus il est tolérant et fait facilement confiance à ses soigneurs. Si vous désirez que votre chiot se laisse également facilement examiner les oreilles, soulevez régulièrement celles-ci afin d'en masser le conduit auditif externe. Son vétérinaire sera ravi de ne pas se faire mordre, le jour où le chien lui sera amené en consultation pour une otite !
- *Prendre un chiot par la peau du cou* : il est préférable de ne pas déplacer un chiot en le prenant par la peau du cou lorsque vous n'en avez pas l'habitude – certains éleveurs, eux, savent très bien comment s'y prendre… Certains chiots n'apprécient pas du tout cette manière de procéder ! Il ne faut jamais corriger un chiot en le secouant par la peau du cou, car on ne peut pas évaluer le niveau de stress que cela va induire chez lui. Si le chiot crie au moment où vous le tirez par la peau du cou, il faut arrêter immédiatement !

– *Quelles sont les zones importantes du corps ?* La maman chien sait manipuler certaines régions du corps de son chiot afin d'obtenir des réponses précises : si elle pince la base de sa queue, il va s'asseoir ; si elle le pousse sous le ventre au niveau de l'ombilic, il va se lever ; si elle appuie au niveau du garrot, il va se coucher, etc. Et si elle lui lèche les yeux et les babines, il va s'immobiliser et la laisser faire !

Le langage tactile

➤ *Un chien communique aussi avec l'odorat*

Un chiot sait reconnaître l'odeur de sa mère – et, plus tard, celle de son maître. La mère émet entre ses mamelles des phéromones d'apaisement qui ont un effet relaxant sur son petit.

Outre les phéromones d'apaisement, il existe également chez le chiot des phéromones d'alarme sécrétées au niveau des coussinets plantaires et des glandes anales. Par exemple, un chien stressé chez un vétérinaire préviendra involontairement les « patients » – ses congénères – par l'émission de sécrétions anales contenant des phéromones d'alarme. De même, si nous sommes stressés, nous émettons des phéromones que notre chiot pourrait percevoir et nous modifions notre posture, ce qui l'inquiétera à son tour, mais peut-être pas pour les mêmes raisons. Par exemple, si nous avons très peur que le feu d'artifice le stresse, notre chien comprendra que c'est le feu d'artifice qui est dangereux puisque nous avons peur ; il ne sait pas que nous avons peur pour lui, et non peur du feu d'artifice.

La communication chimique tient une place importante dans la vie de nos chiens. Un chien a besoin de sortir à l'extérieur de sa maison afin d'explorer les odeurs et les phéromones des autres. Ce comportement exploratoire évite l'ennui.

Nos chiens repèrent aussi le statut hormonal de chaque individu. Lorsqu'il arrive dans une famille, il sait que la femelle c'est Madame et que le mâle c'est Monsieur ; il sait que les enfants de la maison sont des enfants comme lui, il est un chiot. Pour ces raisons, nous ne pouvons confier l'éducation de nos chiots à nos enfants. Il faut les associer à l'organisation des apprentissages, mais éviter de leur confier l'autorité que le chiot n'accepterait pas facilement.

En votre absence

Dès que votre chiot a reporté son attachement sur vous, il est préférable de lui laisser un de vos vêtements quand vous partez afin qu'il puisse le sentir et y trouver un apaisement. Si vous le pouvez, laissez-le accéder à votre chambre pendant votre absence et surtout ne l'enfermez pas dans la cuisine s'il n'a pas l'habitude d'y rester. Il vaut mieux qu'il ait le plus de liberté possible afin de pouvoir aller vers la pièce qui possède le plus de phéromones ou d'odeurs et qui, *de facto,* l'apaisera le plus. À noter : il existe chez les vétérinaires des phéromones d'apaisement maternelles pour chien, sous forme de diffuseur ou de collier, qui facilitent l'adoption du chiot par un être humain.

Madame amène en consultation son chiot yorkshire Jimmy, un mâle âgé de 5 mois. Ce yorkshire est un chien de grande taille pour sa race ; il pèse déjà 4 kilos à 5 mois. Madame vient parce que ses filles ont de plus en plus peur du chiot. Il les mord, et elle-même ne parvient plus à le corriger.

Dans la salle d'examen, Jimmy se montre très agité. Il présente un comportement exploratoire ininterrompu, mais il ne mordille pas les objets que nous avons volontairement laissés au sol. Lorsque nous essayons de le prendre, il se débat pour s'échapper et déambuler de nouveau. Madame est satisfaite qu'il adopte ce comportement devant nous et nous dit qu'il est pareil à la maison. Lorsqu'elle essaie de le faire asseoir, il mord.

Pourquoi ce chien mord-il déjà à 5 mois ? Comment cette agitation permanente peut-elle être expliquée ? Ce chien est-il hyperactif ?

Dès le début de l'entretien, nous apprenons que Jimmy a été acheté pour les 8 ans d'une des filles, Laura, qui désirait un chien. La mère n'a jamais possédé de chien et ne souhaite pas s'investir dans l'éducation du chiot ; elle pense que sa fille de 8 ans doit s'occuper seule de son chien. Madame ne veut pas non plus le prendre sur ses genoux et le repousse pour qu'il aille vers Laura. Cette dernière est une enfant raisonnable et calme, mais indépendante et peu affectueuse, aux dires de sa mère. En revanche, elle semble avoir le sens des responsabilités.

Pourquoi Laura ne parvient-elle pas à éduquer ce chiot ?

Nous sommes étonnés par le qualificatif de « peu affectueuse » utilisé par la mère et nous lui demandons si Laura a des contacts physiques avec le chiot, si elle le brosse, si elle le caresse. En réalité, Laura ne s'occupe de Jimmy que pour assurer ses besoins de base : le nourrir, le sortir et aider à nettoyer ses déjections. D'après sa mère, Laura essaie d'être autoritaire et de le corriger lorsque cela est nécessaire.

Nous comprenons vite qu'il n'y a aucune communication tactile avec ce chiot. Le chiot est en carence affective et les contacts avec l'être d'attachement lui manquent. Nous demandons alors à Madame de sortir de la salle pour tester le degré d'attachement du chiot à sa propriétaire. Madame sort de la pièce mais laisse son sac, ainsi que son manteau qui déborde de la chaise et repose sur le sol. Une fois sa maîtresse sortie, Jimmy court se coucher sur le manteau de sa maîtresse, à côté du sac et ne bouge plus. Ce qui est étrange, c'est qu'il arrête immédiatement de déambuler et cherche un apaisement sur les vêtements de Madame.

Nous faisons revenir Madame et observons le comportement de retrouvailles : Jimmy bouge la queue, saute en l'air en même temps que Madame le repousse, agacée. Jimmy reprend alors ses déambulations en tous sens. Si Jimmy semblait heureux de la voir, sa maîtresse paraît plutôt énervée par son agitation.

Nous proposons alors à notre cliente de laisser à Jimmy des vieux vêtements portés par elle dans son panier. Nous lui demandons si elle accepte de le brosser avec une brosse douce, matin et soir, pendant 10 minutes et surtout de ne pas le punir. Nous lui expliquons que le chiot sait que Laura est une enfant et qu'il ne peut absolument pas se rassurer auprès d'elle. C'est pourquoi il faudrait ne pas le repousser pour qu'il aille vers Laura lorsqu'il s'approche d'elle. Nous lui proposons de la revoir dans une semaine après ces petits changements.

Une semaine plus tard, Madame arrive avec Jimmy dans ses bras et nous explique qu'elle a remarqué un grand changement et a pris la décision de s'occuper personnellement du chiot.

Que s'est-il passé ?

Jimmy a réussi a trouvé un apaisement, à la fois chimique et tactile. Ce chiot devenait anxieux parce qu'il n'avait pas la possibilité de s'apaiser. Sa propriétaire a compris que le chiot savait reconnaître, grâce à ses capacités olfactives, les adultes des enfants et qu'il était nécessaire pour lui de se trouver au contact de Madame pour se développer dans le calme. Madame représente pour lui un être d'attachement adulte, de sexe féminin. Il ne peut pas se rassurer auprès d'une enfant de 8 ans qui est également un être immature, de surcroît lorsque cette personne n'a que très peu de contacts physiques avec le chiot.

Un enfant reste un enfant !

Les phéromones, ces substances chimiques qui induisent des variations émotionnelles et sont produites par les êtres vivants, sont perceptibles par le chiot dès son adoption : il faut en tenir compte. D'une façon générale, un enfant ne peut remplacer un adulte dans l'éducation d'un chiot pour créer un attachement sécure.

➤ *Savez-vous que le ton de votre voix possède également son importance ?*

L'intonation de votre voix aura un impact sur le comportement de votre chien. Il semble, par exemple, que des sons aigus l'inciteraient davantage à partir et des sons graves, avec une intonation qui baisse, à revenir vers ces sons. Ainsi, dire à son chien : « Viens ici » sur un ton qui baisse aurait plus d'effet qu'un : « Viens ici » avec un ton qui monte. Attention, cependant lorsque vous appelez votre chien, il ne faut pas avoir l'air menaçant, mais plutôt jovial pour lui donner envie de venir. Et il ne faut pas hésiter à associer une gestuelle incitatrice – par exemple, s'accroupir en tapotant sa cuisse.

Le choix du nom du chien est également important. Si vous n'êtes pas fixé, choisissez plutôt un nom dont la tonalité baisse. Choisissez également un nom court avec au maximum deux syllabes.

Pour avoir une bonne communication avec son chien, il faut éviter de crier, communiquer sur un registre positif et le féliciter très souvent en disant, par exemple : « Bon chien » chaque fois qu'il vous obéit. Si vous remarquez que vous utilisez en permanence un ton répressif, il vaut mieux demander conseil à un vétérinaire ou à un éducateur parce qu'un chien ne peut communiquer qu'avec de l'amour et de la confiance. Les tons menaçants risquent de le rendre anxieux.

De même, si vous croisez un chien qui vous semble agressif, plutôt que de dire à votre chien « attention, viens ici », il vaut mieux changer de trottoir en détournant l'attention de votre animal afin qu'il ne remarque pas l'agressivité du chien en face.

> ☞ **À retenir**
>
> • Un chien est très sensible à l'intonation, il faut y penser. Si vous êtes en colère, il le saura.

• Le ton de la colère peut être interprété par votre chien comme le signe d'une compétition hiérarchique : on se met parfois en colère lorsque l'on n'est pas sûr d'être écouté. Aussi une prévention majeure de l'agressivité chez le chien passe-t-elle toujours par une intégration réussie, c'est-à-dire par une position claire de domination du chien au sein du groupe auquel il appartient.
• Dominer ne veut pas dire employer une éducation drastique avec des méthodes coercitives, mais, au contraire, user d'une autorité naturelle – savoir adapter sa gestuelle, la tonalité de sa voix et les associer correctement aux ordres désirés, tout en maintenant le chien dans une position hiérarchique basse. Bien que la récompense soit un très bon outil d'éducation, il faut pouvoir également édicter des interdits à son animal.

Madame vient en consultation avec Polka, un doberman femelle de 12 mois, parce que celle-ci urine sous elle chaque fois que sa propriétaire l'appelle en la regardant. Madame a déjà eu des chiens et n'a jamais eu ce problème. Polka a été adoptée à la SPA qui l'a récupérée suite à des mauvais traitements à l'âge de 6 mois. Madame semble prodiguer de bons soins à sa chienne et ne la punit jamais. Elle sait que la chienne a vécu des moments difficiles et que de la patience est nécessaire.

Pourquoi Polka urine-t-elle toujours sous elle après six mois d'adoption ?

Après trente minutes de consultation, nous remarquons que sa maîtresse possède une voix à la tonalité grave et autoritaire ; lorsqu'elle appelle la chienne, elle le fait sur un ton monocorde qui n'a rien d'amical ! Nous savons qu'il est impossible de changer la voix de cette dame ; nous demandons à celle-ci de sortir de la pièce afin d'observer seules Polka. Nous faisons alors entrer l'assistante de la clinique qui a la voix la plus douce et nous observons le comportement de l'animal. L'assistante appelle Polka ; sa voix douce et calme rassure la chienne, qui vient au contact et accepte même de monter sur la table de consultation sans uriner. Précisons qu'avec sa maîtresse il avait été impossible de l'y faire monter sans qu'elle urine.

Nous décidons de filmer la chienne et ensuite de montrer la séquence à sa propriétaire afin qu'elle nous donne son avis. En voyant cette séquence, Madame comprend toute seule qu'il y a une différence entre son approche et celle de notre assistante. Elle décide donc de changer sa voix lorsqu'elle s'adressera à Polka.

La semaine qui a suivi, la propriétaire nous a téléphoné pour nous remercier parce que Polka n'urinait plus à chaque fois qu'elle l'appelait. Cette histoire montre que la tonalité de la voix a bel et bien un effet puissant sur un chien sensible. Et aussi qu'il ne faut pas juger un maître sans avoir fait un bilan comportemental complet. On aurait pu croire que cette nouvelle maîtresse était toujours trop dure avec cette chienne. Ce n'était ni le cas ni le problème.

➤ *Quelle est la place du langage visuel chez un chien ?*

Un chiot naît aveugle et sourd, et sa vue ne commence à le guider que vers l'âge 2 ou 3 semaines. Lorsqu'il a 2 mois, il se dirige aisément et ne se cogne pas, il reconnaît les personnes autour de lui ainsi que ses congénères.

Chez un chien adulte, le champ visuel est de 250 à 280°, ce qui lui permet de bien voir sur les côtés. L'aptitude à voir en relief est moins bonne que chez l'homme et chez le chat. Un chien distingue mal le contour des objets immobiles, mais beaucoup mieux leur contour si ceux-ci sont en mouvement. Il voit mieux la nuit qu'un être humain. Il est capable de distinguer deux à trois couleurs environ – les mieux perçues sont le bleu et le jaune.

Les signaux visuels se fondent sur des postures corporelles, sur des mimiques faciales et sur des mouvements. Un chiot est capable de reconnaître des signes de menace comme les babines retroussées de sa mère. Il est important qu'il associe des images à des situations. Par exemple, si un chien adulte, face à un chiot, hérisse le poil, relève les babines et en même temps aboie, cela permet au chiot de comprendre qu'il doit se soumettre et ne pas s'approcher. Le langage visuel chez un chiot est presque toujours associé à d'autres types de communication – vocalises, odeurs, toucher.

Faites front !

Chez les chiens, le dominant essaie de paraître plus volumineux : posture élevée, tête et queue portées haut, oreilles dressées. Pour un chiot, plus les humains sont volumineux et plus il sera impressionné ! Lorsqu'on veut se faire obéir d'un chiot ou d'un chien adulte, il est possible de se rassembler à deux ou trois, épaule contre épaule, face à lui, en le regardant. Ce type de coalition physique permet de faire obtempérer plus facilement l'animal. À condition de s'assurer que l'accès vers l'endroit où l'on souhaite envoyer l'animal est bien libre !

Monsieur vit seul avec Vasco, son shih-tzu de 7 ans. Il nous est adressé par un confrère parce qu'il vient de mordre gravement et subitement son maître. Ce chien n'avait jamais posé de problème auparavant.

Lors de notre premier entretien, nous apprenons que Vasco est un chien adopté suite à un abandon. Son ancien maître le battait avec une canne. Son adoption s'est bien passée, il s'est parfaitement adapté à Monsieur qui a déjà eu des chiens bien éduqués. À la fin de notre bilan comportemental, nous concluons à un état d'anxiété intermittente avec agressivité, mais nous n'arrivons pas à classer cette pathologie dans une nosographie précise. Monsieur nous signale que Vasco semble faire des cauchemars depuis six mois.

Est-ce une anxiété de déritualisation, c'est-à-dire une anxiété liée à des changements de rituels ou d'habitudes ? Une agressivité liée à un état algique ? Est-ce un trouble hormonal ? Est-ce un trouble de l'humeur ? Ou bien une baisse de la vision avec dégénérescence rétinienne ?

Nous décidons de faire procéder par le vétérinaire traitant à des examens complémentaires – dosages hormonaux, examen ophtalmologique, examens radiographiques. Soudain, pendant la rédaction de l'ordonnance, notre assistante passe dans notre salle de consultation avec un balai pour nettoyer. Nous observons le chien à ce moment-là : Vasco tremble et émet des grognements. Surpris par ce comportement, nous arrêtons la rédaction de l'ordonnance et demandons à son maître ce qu'il pense de ce comportement. Monsieur nous répond que c'est sans doute le balai qui lui fait peur.

Nous lui demandons depuis quand Vasco a peur des balais. Il répond qu'il a toujours remarqué cette peur des balais et des bâtons. Depuis qu'il n'a plus de personnel de maison, il fait lui-même le ménage devant son chien. Avant, la personne qui faisait le ménage avait peur des chiens et ne faisait jamais le ménage devant lui. Elle rangeait le balai dans un placard.

Nous demandons au propriétaire où il range son balai. Il nous explique qu'il est désormais accroché dans la cuisine à côté du panier du chien et qu'à l'époque où il y avait quelqu'un pour s'occuper de sa maison, il était rangé dans un placard...

Nous comprenons ainsi qu'il est possible que les troubles du sommeil de ce chien soient liés à la proximité du balai et de son lieu de couchage. Nous conseillons au propriétaire de ranger à nouveau le balai dans le placard et de ne l'en sortir que lorsque le chien est hors de portée de celui-ci.

Un mois après, le propriétaire nous contacte pour nous signaler que le chien dort mieux et ne semble plus faire de « cauchemars ». Aucune agression ne s'est produite depuis le rangement du balai dans le placard.

Ainsi, il s'agissait d'une phobie post-traumatique ayant évolué vers une anxiété intermittente avec trouble du sommeil et agressivité. La seule vue du balai rendait ce chien agressif. Celle-ci était engrammée dans le cerveau de Tizon comme un danger grave et imminent en raison des mauvais traitements qu'il avait reçus lorsqu'il était chiot, entre 3 et 6 mois.

Comment créer un lien d'attachement fort avec son chien ?

Comment aimer son chien ?

Comment prendre soin affectivement d'un chiot de 2 ou 3 mois ? Faut-il l'aimer sans retenue ? Mais ne risque-t-il pas alors de devenir dominant et agressif plus tard ?

Ces questions nous sont régulièrement posées par les maîtres dès le moment de l'adoption et parfois même avant.

➤ *Oui, il faut aimer son chien dès le début !*

Lorsqu'un chiot arrive dans sa nouvelle maison, il ressent la séparation d'avec sa mère comme une détresse affective, et il compense cette séparation en s'attachant à son nouveau propriétaire. Cet attachement est normal et naturel, il constitue le socle fondateur de l'équilibre émotionnel du chiot. Un chiot a besoin dans un premier temps d'un contact physique. Il recherchera la chaleur du corps de son maître et commencera à s'habituer à ses phéromones.

Créer un lien, très fort, d'attachement les premières semaines de l'adoption n'occasionne aucun trouble du comportement plus tard alors qu'une détresse les premières semaines peut entraîner des troubles du comportement comme des phobies ou de l'anxiété. Attention toutefois : après cette période d'attachement, il vous faudra prévoir une période de détachement, c'est-à-dire qu'il vous faudra mettre votre chien à l'écart plus souvent, en repoussant ses avances. Dans la nature, c'est pendant la période prépubertaire, qui est variable selon le format de la race, que la mère chienne repousse ses petits, mais jamais à l'âge de 2 mois !

Dans la mesure du possible, il faut vous mettre à la place de la maman chien pour juger de la pertinence de vos actes avec votre nouveau compagnon. Posséder un chien équilibré sous-entend que celui-ci n'est ni anxieux ni peureux. Un animal sera d'autant plus agressif qu'il présente des peurs parce qu'il ne maîtrise pas, à ce moment-là, ses émotions et, donc, ses réactions. La plupart du temps, il anticipera en passant à l'attaque.

Monsieur vient à la clinique pour nous demander conseil avant l'achat d'un berger allemand. Il a toujours eu des chiens qui mordaient et il ne voudrait pas reproduire le même schéma. Il doit partir chercher son chiot dans un élevage à la campagne ; le chiot a 2 mois et demi – c'est l'âge idéal pour initier une bonne socialisation. Il a fabriqué un enclos dans son jardin avec le chauffage et une belle niche dans laquelle il a pris soin de déposer une mousse recouverte d'une housse que sa femme a fabriquée sur mesure.

Tout est donc prêt pour accueillir le chiot !

Ce pauvre monsieur a été très déçu lorsque nous lui avons fait comprendre que le lieu de couchage d'un chiot de 2 mois et demi les premiers jours de son adoption n'était pas dans une niche, seul, au fond du jardin !

Le premier soir…

Si vous décidez de prendre un chiot, il faut prévoir quelques jours à lui consacrer, durant lesquels il sera en contact avec vous. Il est préférable de le faire dormir à proximité de votre lit, la première semaine au moins. Il ne prendra pas de mauvaises habitudes, mais aura ainsi le temps de s'habituer à son nouveau maître.

En revanche, un chiot qui serait en détresse le premier soir de son adoption risque de développer plus tard des phobies parce qu'il aura eu peur sans pouvoir se réfugier auprès de son maître pour se rassurer. C'est toujours l'attachement à la mère d'adoption – vous, en l'occurrence ! – qui permet l'exploration du monde et la socialisation d'un chiot.

Comment lui faire accepter de changer le mode d'accueil de son chiot ?

Nous lui demandons si le chiot était encore avec sa mère chez l'éleveur et lui expliquons qu'une transition sur quelques semaines est souhaitable afin qu'il puisse reporter son attachement sur une personne et ainsi oublier sa mère et sa fratrie. Nous insistons sur le fait qu'aucune mauvaise habitude ne s'acquiert à 2 mois et demi, mais que les choses changeront dans quelques semaines.

Nous lui demandons ensuite s'il sait d'où venait l'agressivité de ses précédents chiens. Il nous répond qu'ils étaient tous peureux et qu'ils mordaient par peur. Nous comprenons alors que les chiens ont dû être en détresse les premiers jours de leur vie et qu'ils présentaient sans doute un attachement insécure. Nous lui expliquons les raisons de cette agressivité par peur.

Monsieur repart en nous demandant un rendez-vous pour nous montrer son chiot et d'autres conseils, nous avouant qu'il lui manque des bases dans l'éducation canine.

Pourquoi certains humains pensent-ils que les chiots risquent de prendre de mauvaises habitudes ? Peut-être parce que les hommes assimilent les chiots à des enfants ? Ou bien à des chiens adultes ? Cette question mérite d'être posée à chaque fois, les réponses données par les propriétaires sont très différentes et permettent de comprendre le fonctionnement du couple « maître-chien ».

➤ *Où placer son panier la nuit ?*

Les premiers jours, il est préférable de mettre le panier à côté de votre lit. Progressivement, il sera possible de l'éloigner jusqu'à le placer derrière un petit meuble afin que le chiot parvienne à dormir sans vous voir.

Quand il sera prêt pour cela, dès que vous le sentirez plus indépendant, plus à l'aise dans la maison, vous pourrez le faire dormir dans une autre pièce non loin de la chambre. Il arrive qu'un chiot ne pleure pas s'il est enfermé dans une autre pièce, mais cela est très rare et on a bien souvent des surprises lorsque l'on place une caméra dans cette pièce. Le faire dormir à côté de soi permet également de se lever avant lui le matin et de le prendre dans ses bras afin de le déposer directement dehors pour qu'il acquière plus rapidement la propreté.

➤ *Comment procéder avec un chien de garde que l'on souhaite faire dormir à l'extérieur ?*

Pour lui, comme pour un chien de compagnie, il est préférable de le garder auprès de vous les premières semaines. Il n'y aura aucun problème pour l'éloigner ensuite, quand il aura atteint l'âge du détachement – c'est d'ailleurs ainsi que leur mère opère naturellement.

Il est même bien plus important de prendre en considération l'équilibre émotionnel du chien de garde afin de maîtriser son comportement à l'âge adulte. S'il dort dehors dès le premier soir ou les premières semaines, le risque est qu'il prenne peur tout seul la nuit dans votre jardin. Sa peur peut alors augmenter chaque jour sans qu'il parvienne à s'adapter, ce qui aboutirait à une sensibilisation progressive, c'est-à-dire à une augmentation de l'intensité de la peur, au lieu d'une diminution. Les chiens « de garde » qui ont peur de l'orage à l'âge adulte pourraient faire partie de ces chiots qui ont été sensibilisés progressivement à l'orage.

Comment le laisser seul au début ?

Mademoiselle vient en consultation avec son bouledogue français de 3 mois et demi pour sa visite vaccinale. Elle nous explique qu'elle n'arrive pas à quitter la maison sans que son chien se mette à gémir. Elle s'inquiète parce que ses vacances sont terminées et qu'elle doit reprendre son travail.

Nous remarquons que, dans ses propos, les mots « inquiète » et « peur » reviennent de manière récurrente. Nous lui demandons ce qui lui fait peur dans le fait de laisser un chiot tout seul. Elle nous répond qu'elle n'a pas peur de le laisser seul, mais qu'elle a peur qu'il ne s'habitue pas à rester seul ! Nous sommes donc soulagés de savoir qu'elle accepte de laisser son animal seul et qu'elle anticipe l'avenir.

Nous lui expliquons qu'un chiot est capable de percevoir la peur sur le visage de son maître ou de capter l'anxiété par ses attitudes et ses postures. Son animal risque donc de comprendre qu'il y a un danger au moment où elle s'en va. L'acte de sortir équivaut à un danger dans sa tête ; il ne sait pas que sa maîtresse a en fait peur « qu'il ne s'habitue pas à rester seul ».

Nous lui demandons donc d'accomplir une tâche précise au moment du départ, comme prendre son téléphone et faire semblant de parler de ses dernières vacances à une amie – il est préférable de faire quelque chose plutôt que de se dire simplement : « Il ne faut pas que j'aie peur », car cela revient à avoir peur ! Le fait d'agir constitue un dérivatif qui lui permet d'agir sur ses émotions en les modifiant positivement. Nous demandons aussi que la chambre à coucher reste ouverte afin que le chiot puisse retourner se coucher sur des zones où l'odeur de sa maîtresse est encore présente.

La semaine qui a suivi notre entretien a confirmé l'amélioration du comportement du chiot. Désormais, il va directement dans la chambre lorsqu'il voit sa maîtresse partir. Il ne pleure plus et Mademoiselle ne s'inquiète plus !

Avant de partir…

Lorsque vous adoptez un chiot qui a entre 2 et 3 mois, vous devez le laisser seul avec des vêtements qui sont imprégnés de votre odeur et, surtout, vous devez sortir de la maison comme s'il ne se passait rien de grave. Ne faites aucun rituel de départ et de retour, c'est-à-dire ne regardez pas le chiot juste avant de sortir et ignorez-le à votre retour. Il existe également des phéromones d'apaisement nommées Adaptil, que vous trouverez chez votre vétérinaire et qui aideront votre chiot à rester seul. Elles vous permettront de vous rassurer en même temps !

Comment réussir la socialisation de son chien ?

Comment protéger son chiot sans tomber dans l'excès ?

➤ *Est-ce que tout le monde peut le caresser ?*

Oui, et c'est même un devoir ! Votre chiot devra être caressé par un maximum de personnes afin d'acquérir une bonne socialisation. Il faut qu'il rencontre des enfants, des bébés, des adultes, des hommes, des femmes, des personnes en uniforme et, bien sûr, des vétérinaires !

La socialisation en questions

La socialisation d'un chien doit se faire très jeune. Un chiot qui n'aurait pas eu de contacts avec un type de personnes – des enfants ou d'autres espèces animales – risque en effet de présenter plus tard un comportement agressif à leur égard.

– *Pourquoi un chien accepte-t-il certains individus et en poursuit-il d'autres qu'il semble vouloir agresser ou chasser ?* Avant l'âge de 3 ou 4 mois, lorsqu'il est avec sa mère ou l'être d'attachement qui s'est substitué à celle-ci, un chiot apprend à ne pas chasser les espèces « amies », s'il a été suffisamment en contact avec elles et qu'il a pu à cette occasion expérimenter des interactions sociales agréables.

- *Comment socialiser un chien aux enfants ?* Un enfant sera perçu par un chiot comme un « ami » s'il a eu des contacts positifs avec lui avant l'âge de 3 ou 4 mois. Après cette période dite « sensible », la socialisation sera plus difficile, elle dépendra du type et de la fréquence de contacts expérimentés avec l'enfant. Elle sera notamment davantage marquée par d'éventuelles expériences défavorables. Si un chien de plus de 4 mois est traumatisé par un adolescent précis, par exemple, il risque d'associer ce traumatisme et ce type de personnes et, à partir de là, d'avoir peur ou de devenir agressif en présence de tout adolescent, quel qu'il soit. ATTENTION : isolement du chiot pendant son développement par rapport à un type d'individus = risque d'agression à l'âge adulte envers ce type d'individus.
- *Un bébé humain est-il considéré par le chien comme un « ami » ?* Oui, si le chien a été en contact avec des bébés lorsqu'il était très jeune. Cela ne sera, en revanche, pas systématique, s'il n'a jamais été en contact avec un bébé lorsqu'il était chiot.

Les contacts sociaux

Madame attend dans la salle d'attente avec son chihuahua femelle de 6 mois. Nous nous approchons pour les accueillir, la dame nous prévient : « Ne la caressez pas, elle mord ! » Nous sourions..., mais pas très longtemps, car le chiot a très vite attrapé la main de l'assistante. La dame nous fait remarquer qu'elle nous avait prévenues. Nous demandons à la propriétaire de nous poser le chiot dans les bras, puis de nous laisser seules avec lui en salle de consultation.

Une fois isolé de sa maîtresse, le chiot nous laisse le manipuler sans bouger.

Nous filmons cette séquence, puis faisons entrer la propriétaire et lui rendons son chiot. Nous lui montrons alors le film que nous avons réalisé en lui expliquant la séquence. Nous lui demandons dans les jours qui viennent d'essayer de ne pas dire : « Elle mord » en tirant le chien à elle, mais de dire : « Allez, va, bon chien » et de pousser le chien vers la personne à qui elle est en train de parler. La dame a du mal à nous croire, mais dit qu'elle va essayer et qu'elle nous tiendra au courant.

Une semaine après, elle revient et nous explique que sa chienne est un peu moins agressive, mais qu'elle a toujours peur. Nous lui demandons de la déposer dans les bras de l'assistante et lui montrons que le vétérinaire arrive à s'approcher, à prendre la chienne et à la manipuler. La femme est encore surprise, mais elle commence à prendre conscience qu'elle est peut-être à l'origine de l'agressivité de son chiot en voulant le « surprotéger » : celui-ci comprend qu'il y a un danger lorsque la maîtresse le plaque contre elle dès que quelqu'un veut le caresser.

Pourquoi cette dame veut-elle « surprotéger » sa chienne ?

Elle nous explique que, lorsqu'elle l'a adoptée, elle n'était pas vaccinée et qu'elle avait peur qu'elle soit touchée ou manipulée par des personnes contagieuses. Elle nous raconte aussi qu'elle a perdu un chiot de la maladie de Carré il y a dix ans – il existe aujourd'hui un vaccin très efficace contre cette maladie virale mortelle à tropisme respiratoire, digestif et nerveux. Elle y pense encore – dans les faits, ce chiot n'avait pas été contaminé par une personne, mais par un autre chiot dans un magasin.

La « surprotection » d'un animal a souvent une explication qu'il est bon d'obtenir afin d'aider le propriétaire à changer de comportement. Sinon, les conséquences peuvent être dramatiques pour le chiot.

L'organisation des contacts sociaux

À FAIRE	À NE PAS FAIRE
• Laisser votre chiot faire la fête à tout le monde. • Le faire caresser par le facteur. • Le laisser au contact de chiens adultes, même si ceux-ci semblent le corriger. • Lui faire rencontrer des bébés et des jeunes enfants, à condition qu'il soit bien vermifugé. • Lui faire rencontrer des chats, à condition que les chats n'aient pas peur des chiens.	• Éviter à votre chiot le contact de personnes. • L'attacher lorsque le facteur arrive. • Lui éviter le contact de chiens adultes parce qu'ils grognent parfois. • Lui interdire le contact avec des bébés pour des raisons d'hygiène. • Lui éviter de rencontrer des chats.

N.B. : *Les chiennes grognent souvent pour remettre un chiot à sa place, sans pour autant être agressives !*

➤ *Même le facteur ?*

Surtout le facteur ! Nous avons le devoir d'éduquer notre chiot et cette éducation inclut qu'il accepte le facteur. C'est lorsque votre animal est tout petit qu'il faut le lui présenter et le faire caresser par celui-ci. Il est même souhaitable de demander au facteur de lui offrir une friandise !

Si, chaque fois que le facteur arrive, votre chien aboie et le fait fuir, cela constitue une victoire qui va l'inciter à réitérer ses aboiements ! Et cette fuite ne va évidemment pas faciliter le travail d'habituation, d'autant que tous les autres chiens du quartier aboient lorsqu'ils entendent le facteur.

Il est pourtant important de travailler à cette socialisation ; songez que si votre chien, à l'âge adulte, attaque le facteur, c'est vous qui serez tenu pour responsable !

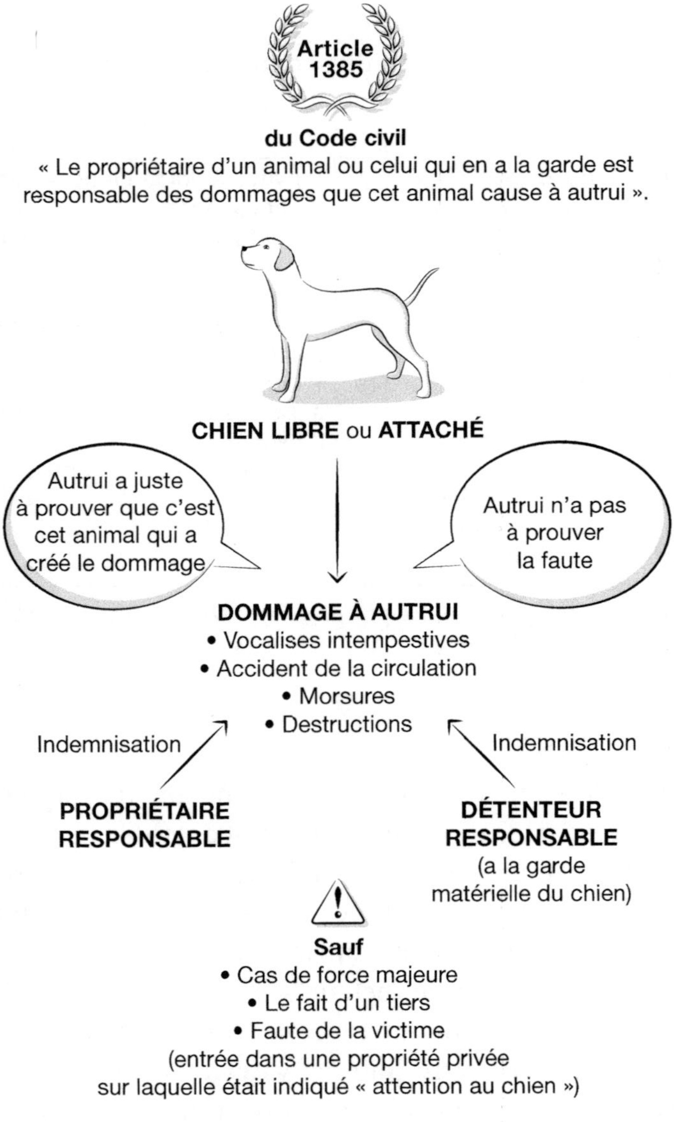

La responsabilité du maître

➤ *Premières sorties dès le lendemain ?*

Il faut agir avec les chiots comme on le fait avec les enfants : on les sort même avant leur deuxième vaccin ! En général, lorsqu'on achète un chiot, il a déjà reçu ses premiers vaccins, il possède donc une immunité.

Les seules précautions à prendre sont :

- de ne pas se rendre dans des animaleries qui présentent de grandes concentrations de chiots ;
- de faire attention chez le vétérinaire au cas où il croiserait des chiots malades ;
- de ne pas le laisser batifoler dans des eaux stagnantes et insalubres.

En dehors de ces situations, promener votre chiot dans la rue, avec une laisse et un collier (ou un harnais), et sans le prendre dans vos bras, est presque une obligation ! Plus votre animal ira tôt en ville, moins il aura peur des bruits citadins. N'hésitez donc pas à l'emmener dans les marchés ou dans les gares. Après 3 ou 4 mois, il deviendra de plus en plus difficile de l'habituer à ces bruits.

Monsieur et Madame viennent à la clinique pour demander conseil. Ils ont commencé par acheter en premier lieu Lady, une chienne yorkshire femelle de 2 mois et demi dans un élevage. Ils ont vu en même temps la sœur qui leur plaisait également, mais, malheureusement, ils n'avaient pas les moyens d'acheter ces deux chiens avec pedigree. Pour les 4 mois et demi de Lady, ils ont reçu un coup de fil de l'éleveur qui leur proposait de « solder » la sœur à moitié prix parce qu'il ne l'avait pas vendue et qu'elle avait besoin de partir dans une famille...

Après réflexion, le couple est reparti à l'élevage chercher Lola, la sœur de Lady. Il ne pose aucune question sur la socialisation du second chiot, s'imaginant qu'il sera en tout point comme le premier.

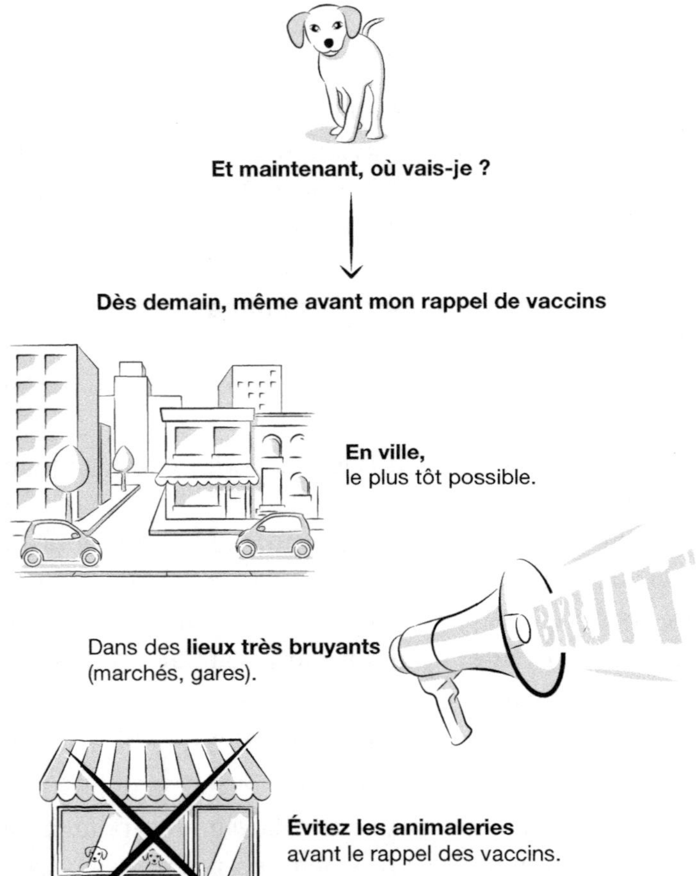

Les sorties

Arrivés à la maison, Monsieur et Madame achètent un harnais, une laisse et décident de promener les deux chiennes en ville. Ils s'aperçoivent, à ce moment-là, que Lola refuse d'avancer, qu'elle tremble et adopte une posture basse – elle s'aplatit sur le sol. Ils ne s'inquiètent pas, parce que c'est la première fois, et pensent qu'en un mois son comportement va s'améliorer.

À la maison, tout se passe bien. Lola et Lady dorment ensemble dans la cuisine. Elles jouent beaucoup, mangent très bien et ne font pas de bêtises. Un mois après, le couple s'inquiète et vient à la clinique parce que Lola refuse de faire ses besoins dehors : elle semble terrorisée dans la rue et tremble dès que son maître ou sa maîtresse lui met la laisse. Lady, quant à elle, continue à ne poser aucun problème et adore la promenade.

Pourquoi y a-t-il une telle différence de comportement entre Lady et Lola, deux chiennes qui appartiennent à la même portée ? Est-ce dû à une différence de patrimoine génétique, puisqu'elles sont désormais élevées par les mêmes maîtres ?

Lola est restée dans son élevage, situé en pleine campagne, jusqu'à l'âge de 4 mois et demi. Elle n'a donc pas pu explorer son nouvel environnement au moment de sa période de socialisation – entre 3 et 12 semaines d'âge – et en compagnie de ses nouveaux propriétaires. Lady, elle, a créé très tôt un lien d'attachement avec ses maîtres et a pu explorer la ville en toute confiance. Ses maîtres se souviennent qu'au début, Lady semblait avoir quelque crainte lorsqu'elle sortait dans des rues très bruyantes et qu'elle venait vite se réfugier près des jambes de sa maîtresse. Ses craintes ont vite disparu et le couple n'y a pas accordé d'importance. Lola n'a pas eu cette chance et présente une peur panique lorsque passe un camion à proximité.

Les assistantes de la clinique vétérinaire conseillent aux propriétaires de faire effectuer rapidement un bilan comportemental. Le couple prend rendez-vous pour le lendemain. Le bilan révèle un syndrome de privation sensorielle au stade phobique. Ce trouble du comportement est très grave parce qu'il ne disparaît jamais à cent pour cent. Les symptômes peuvent s'atténuer, mais Lola, qui a maintenant 5 mois et demi, aura toujours peur en ville. Le pronostic est néanmoins meilleur que si elle avait passé l'âge de la puberté.

Ses propriétaires sont prévenus qu'elle ne sera jamais comme Lady et qu'il faudra beaucoup de patience, une bonne thérapie et un traitement à base de sélégiline. Cette molécule est un antidépresseur qui agit sur la dopamine et qui est très bien toléré chez les chiots. Il permet à l'animal de ne plus souffrir de ses peurs et de s'adapter progressivement à son nouvel environnement. Un chien qui a peur peut avoir mal au ventre et ensuite paniquer à la vue de la laisse parce qu'il a peur des douleurs gastriques ou coliques. C'est ce que l'on nomme un conditionnement intéroceptif. Dans le syndrome de privation sensorielle, le traitement peut durer entre trois et neuf mois. Il ne possède pas d'effet secondaire grave, mais doit être ordonné par un vétérinaire.

Ce qui est arrivé à Lola aurait pu arriver à un autre chien. Voilà pourquoi les sorties en ville doivent être précoces. Un chiot doit avoir un maître et démarrer sa socialisation au plus tard à 2 mois et demi. S'il n'est pas vendu à cet âge, il est indispensable qu'il soit stimulé par l'éleveur auquel il pourra s'attacher. Les éleveurs portent une très grande responsabilité dans la prévention des peurs chez les chiens.

L'organisation des sorties

À FAIRE	À NE PAS FAIRE
• Aller en ville avec son chiot dès son adoption. • Fréquenter avec lui des endroits où il y a beaucoup de bruit (gares, marchés, sorties d'école, zones de travaux). • L'emmener assister à des feux d'artifice pour lui permettre de supporter, dans sa vie future, ceux du 14 Juillet ou du 15 Août... • Le laisser au sol lorsque vous marchez dans une zone de travaux où il y a beaucoup de bruit.	• Attendre qu'il ait tous ses vaccins avant de sortir en ville. • Lui éviter les gros bruits de peur qu'il ne réagisse. • Le soustraire aux cris des enfants. • Le caresser s'il tremble lors d'un feu d'artifice. • Le prendre dans les bras dès qu'il montre qu'il a peur d'un bruit. • Le corriger s'il a peur d'un bruit.

➤ *Peut-il rencontrer d'autres chiens ? Et si ces autres chiens grognent ?*

Les chiens femelles que votre chiot rencontrera vous sembleront souvent agressifs. Ne vous inquiétez pas : lorsqu'une chienne rencontre un chiot, elle commence souvent par le corriger afin de lui montrer à qui il a affaire. Si votre chiot se retrouve face à des chiennes qui grognent, n'ayez donc pas peur. Si elles sont sociables, ce que leur maître vous dira, laissez-les faire : elles éduquent votre chiot !

À l'inverse, imaginons un propriétaire qui redoute ce genre de rencontres. Son chiot s'approche d'une chienne qui grogne afin de l'éduquer, le maître a peur et tire sur la laisse. Le chiot en déduit que si son maître a peur, c'est qu'il y a un danger. Mais quel danger ? Il regarde autour de lui, voit cette chienne et en conclut que les chiennes sont dangereuses. Ainsi, en voulant protéger son chiot d'un danger qui n'existe pas, le propriétaire produit le contraire de ce qu'il est conseillé de faire : il le rend de plus en plus peureux en lui communiquant ses propres craintes et le désocialise en le soustrayant aux contacts sociaux.

Par ailleurs, c'est par ses rencontres avec des chiens adultes qu'un chiot apprend les postures de soumission et les rituels d'approche et d'apaisement pour se faire accepter. Si votre chiot n'a pas la possibilité de communiquer très jeune avec des chiens adultes, il pourra avoir des difficultés à communiquer avec eux plus tard.

Dans le pire des cas, lorsque le propriétaire a réussi à faire peur à son chien au point qu'il en évite les chiens adultes, il est très fréquent que cette peur se transforme en agressivité. C'est ce qui se produit notamment avec les yorkshires, ces petits chiens souvent surprotégés, quand ils croisent, en aboyant, des bergers allemands ou d'autres gros chiens parce que leurs maîtres les ont systématiquement empêchés de les approcher, généralement en les prenant dans leurs bras.

Apprendre à se soumettre

Il vous faudra donc, vous aussi, laisser votre chiot s'approcher d'un chien adulte, non sans avoir demandé au préalable si celui-ci est sociable. En général, les phéromones sécrétées par un chiot inhibent l'agressivité des adultes. Laissez ensuite le chien adulte faire son travail même s'il plaque votre chiot au sol en montrant les dents. Vous verrez alors votre animal se soumettre. Une fois qu'il sera adulte, il saura de lui-même s'il faut se soumettre ou pas face à un autre individu.
Sachez que la posture de soumission, inhibe l'agression de l'autre chien. Elle doit être parfaitement connue par votre chiot. Si vous ne l'avez jamais vu se soumettre, il faut vite l'emmener dans un club canin ou une *puppy class* pour qu'il acquière cet apprentissage.

➤ *Et les enfants ?*

Soulignons-le à nouveau : si un chiot n'a pas rencontré d'enfants entre 3 et 12-16 semaines, il risque de ne pas être bien socialisé aux enfants et, donc, d'en avoir peur.

Si vous constatez que votre chiot commence à avoir peur des enfants, faites-le jouer avec eux afin qu'il fasse connaissance et qu'il se socialise. Surtout ne le séparez pas des enfants sous prétexte qu'il en a peur : cette séparation aggrave toujours le manque de socialisation. Si, de votre côté, vous tirez sur sa laisse lorsqu'il croise des petits enfants parce que vous savez qu'il en a peur, vous commettez une faute qui engage votre responsabilité. Votre chiot va en effet considérer qu'un enfant représente un ennemi de plus en plus dangereux, puisque vous avez peur de cette interaction. C'est souvent ainsi que les chiens deviennent d'abord méfiants avec les enfants, puis agressifs une fois qu'ils ont compris qu'en aboyant sur les enfants, ceux-ci s'enfuient en courant. À ce moment-là, ils savent qu'ils ont pris le dessus.

Pourquoi la socialisation aux autres animaux de compagnie est-elle si importante ?

Un chiot qui n'aurait pas connu de chats avant 3-4 mois, aura beaucoup de mal à les accepter plus tard. En effet, un chien apprend auprès de sa mère ou de son être d'attachement quelles sont les espèces qu'il ne doit pas chasser. N'oubliez jamais qu'un chien est un prédateur et qu'il se nourrit, dans la nature, de petites proies. Toutes les espèces qu'il n'aura pas appris à identifier comme des « espèces amies » seront considérées par lui comme des espèces à chasser.

Si votre chiot connaît des chats dès son plus jeune âge, il les acceptera donc volontiers plus tard. Et même si vous ne possédez pas de chat, il est recommandé de le socialiser à l'espèce féline pour éviter les accidents. Aujourd'hui, les chats sont les animaux de compagnie les plus appréciés des Français. Et leur nombre continue de croître. Il est donc quasi certain que votre chien aura un jour dans son environnement un ou plusieurs chats.

La socialisation aux autres animaux de compagnie s'effectue de la même façon, c'est-à-dire entre 3 et 12-16 semaines et auprès de la mère ou de l'être d'attachement, c'est-à-dire de son propriétaire. Si vous possédez des lapins, il est préférable d'acquérir un chiot entre 2 et 3 mois afin que celui-ci ne les poursuive pas pour les chasser.

Madame est venue avec sa fille de 2 ans parce qu'elle possède déjà un cobaye mais voudrait acheter un chiot. Elle vient demander conseil à la clinique. Madame a bien raison de se renseigner parce que, si elle adopte un chiot de 2 mois, celui-ci ne développera pas d'agressivité envers le cobaye. Il saura que c'est un animal de « compagnie » pour lui aussi et un compagnon de jeux. Il faudra juste surveiller les interactions afin qu'il n'y ait pas d'accident lors des jeux. Un mois plus tard, Madame est repassée à la clinique pour nous montrer des photos de son bichon de 3 mois et demi avec son cobaye, dans le même panier, dormant l'un contre l'autre.

Quelles sont les règles sociales à faire respecter par son chien ?

L'éducation d'un chiot commence par l'apprentissage des « lois canines ». Ne pas tenir compte des règles sociales apprises auprès de ses congénères et qui régissent en partie le comportement d'un chien peut constituer un frein susceptible de retarder cette éducation.

Comment organiser les repas ?

Dans l'espèce canine, il y a des règles qui organisent la vie sociale du groupe. La mère chienne apprend à ses petits les règles de la meute. Lorsque le chiot arrive dans une famille après l'âge de 2 mois, il connaît déjà certaines règles comme la « priorité alimentaire » des adultes sur les chiots.

Un chiot qui essaie de voler de la nourriture à un chien adulte reçoit en échange un grognement qui le fera reculer instantanément. Le grognement est en général très puissant et les babines sont retroussées. Cette séquence peut nous sembler violente. Elle est, en réalité, parfaitement contrôlée par le chien adulte qui ne fait qu'intimider le chiot.

Surtout ne pas intervenir !

Un chien adulte, bien équilibré, ne mordra jamais un chiot. Il est conseillé de ne pas intervenir pour séparer les animaux et de laisser faire même si c'est impressionnant. Efforcez-vous également de limiter votre peur, en pensant à autre chose, par exemple en téléphonant !

La priorité alimentaire est une règle élémentaire que tout chiot doit respecter avec les chiens adultes, mais aussi avec les êtres humains. Cette règle, que nous appelons « hiérarchie alimentaire », est même la première clé qui permet une bonne éducation. En règle générale, un chien ne comprend pas pourquoi nous ne l'appliquons pas et pourquoi il doit vous obéir si vous ne lui distribuez pas son repas après le vôtre. Par exemple, vous mangez et votre chiot s'approche de votre assiette. Si vous lui donnez, à table, un morceau de votre repas, celui-ci va interpréter votre action comme une « priorité alimentaire » qui lui est accordée. Les règles de la hiérarchie canine ne seront donc pas appliquées et votre chiot, qui avait commencé à les apprendre avec sa mère chienne, risque de s'inquiéter.

Nous vous conseillons donc :

• *De faire manger votre chiot une fois que vous avez fini votre propre repas,* pas avant, et de ne jamais déroger à cette règle.

• *De ne jamais rien donner à table*, si vous donnez de la nourriture à votre chiot, en vous disant que c'est bien aussi de partager, votre animal, lui, risque plutôt de faire le décryptage suivant : « Je m'approche de mon maître, je l'impressionne et il m'abandonne un peu de son repas… Donc, je vais recommencer chaque jour afin de m'assurer que le chef, c'est bien moi ! » Chaque fois qu'un chien adulte est agressif et que l'on ne règle pas la question de la hiérarchie alimentaire, il est très difficile d'obtenir une diminution des séquences agressives.

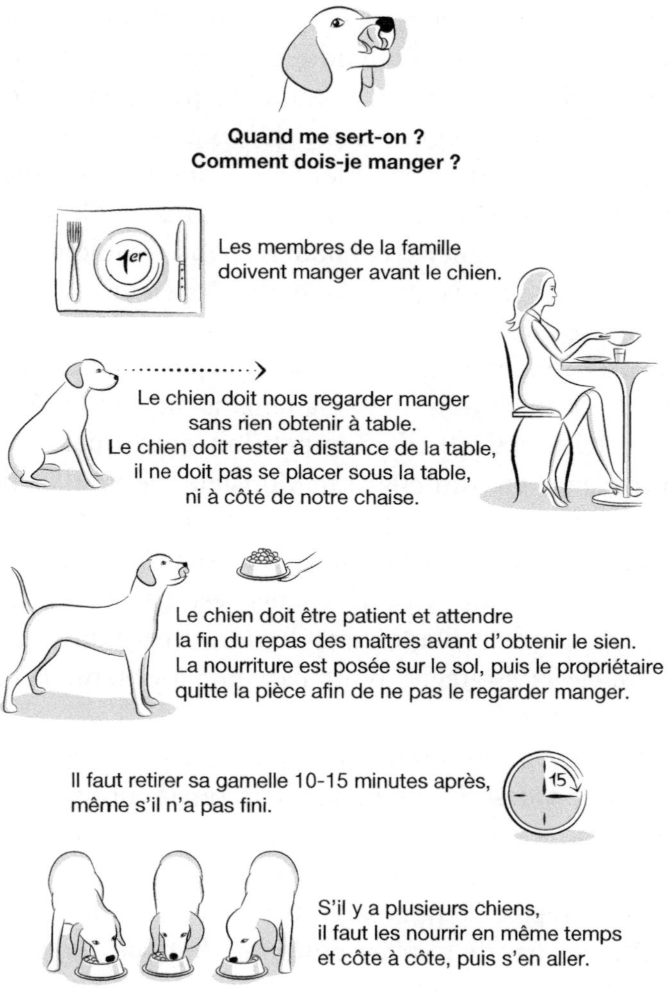

La gestion des repas

Certains chiens ont des privilèges alimentaires et ne deviennent pas agressifs pour autant. C'est vrai, mais cela ne veut pas dire que ce ne sera jamais le cas ou qu'il n'existe pas une autre raison à cette absence d'agressivité : par exemple, certains animaux ne sont pas spécialement intéressés par la nourriture ou bien obéissent à un rituel apaisant – ils ont appris à s'asseoir ou à attendre couchés, etc. – avant d'obtenir leur gamelle. En somme, le fait de respecter la loi de l'accès alimentaire est une règle simple qui évite les problèmes.

Monsieur possède trois chiens : un dogue allemand mâle, un yorkshire femelle et un chihuahua mâle. Cela fait trois ans que tous ces chiens cohabitent sans problème. Récemment, pourtant, depuis que le père de Monsieur est venu s'installer chez son fils, ils commencent à s'agresser. Leur maître a donc pris rendez-vous à la clinique pour éviter une catastrophe. Il craint que le dogue allemand ne tue le chihuahua en raison d'une éventuelle compétition entre mâles.

L'entretien a été difficile, car Monsieur ne voulait pas dire que son père donnait à manger aux chiens à table. Il ne souhaitait pas rendre fautif un vieux monsieur âgé ; il voulait le protéger. Ce type de loyauté cachée est parfois un obstacle au bon déroulement d'une consultation. Et il faut souvent du temps, ou de la stratégie, pour parvenir à obtenir l'ensemble des informations.

Par des questions croisées et en obtenant des précisions sur la position des chiens pendant le repas, nous avons finalement compris quelle était la situation réelle. Avant l'arrivée du père à la maison, les chiens restaient à distance de la table le temps du repas. Depuis la cohabitation des deux hommes, ils n'arrêtaient pas de tourner autour de la table. La conclusion est alors apparue comme une évidence.

Pour ne pas mettre en cause le père de Monsieur, nous avons expliqué que la compétition autour de la nourriture peut déclencher des agressions entre chiens. Et que ce qui est considéré comme un partage par nous autres humains est interprété par les chiens comme un abandon d'aliments à leur profit. Les chiens qui ont accès à la nourriture avant leur maître, ou en même temps, et dans la même pièce que lui, ont tendance à considérer ce privilège comme le signe d'une position sociale « spéciale » – s'ils mangent avant ou en même temps, et dans la même pièce, que leur maître, c'est donc qu'ils possèdent davantage de privilèges que lui ; à eux de montrer aux autres chiens que si ce n'est pas leur maître qui décide, c'est eux ! La compétition avec les autres animaux en présence est donc ouverte. Et qui dit compétition dit risque de conflit !

L'idéal dans ce type de situation est de demander directement au propriétaire comment il peut changer sa façon de manger à table pour ne rien donner aux chiens. En général, chaque maître trouve ses propres solutions. Monsieur a décidé de disposer sur la table une coupelle vide dans laquelle son père déposerait les restes. Ce dernier pourrait ainsi en verser le contenu dans chaque gamelle après avoir fini son propre repas.

Organisation des repas : les règles à suivre

À FAIRE	À NE PAS FAIRE
• La famille mange en premier. • Personne ne donne à manger au chien à table. • Le chien doit se tenir à distance de la table. • Le chien attend que tout le monde ait fini de manger. • On dépose la gamelle et on la laisse 10 minutes avant de la retirer. • On ne regarde pas le chien manger. • On retire la gamelle sans faire de commentaire. • On donne à manger à tous les chiens de la famille en même temps.	• On sert le chien en premier. • On donne à manger à table quand le chien demande ou même quand il ne demande pas. • On prend le chien sur ses genoux pendant que l'on mange. • On donne à manger à la main. • On caresse le chien pour qu'il mange. • On laisse la nourriture en libre-service. • Quand on retire la gamelle à moitié pleine, on exprime sa déception. • On sépare les chiens d'une même famille afin que chacun mange seul.

Comment délimiter l'espace accessible à son chien ?

Tout comme il doit respecter le territoire des autres chiens adultes, un chien doit respecter le territoire de ses maîtres, c'est-à-dire qu'il ne doit pas s'introduire dans leur « niche » sans leur consentement. En pratique, cela veut dire que vous

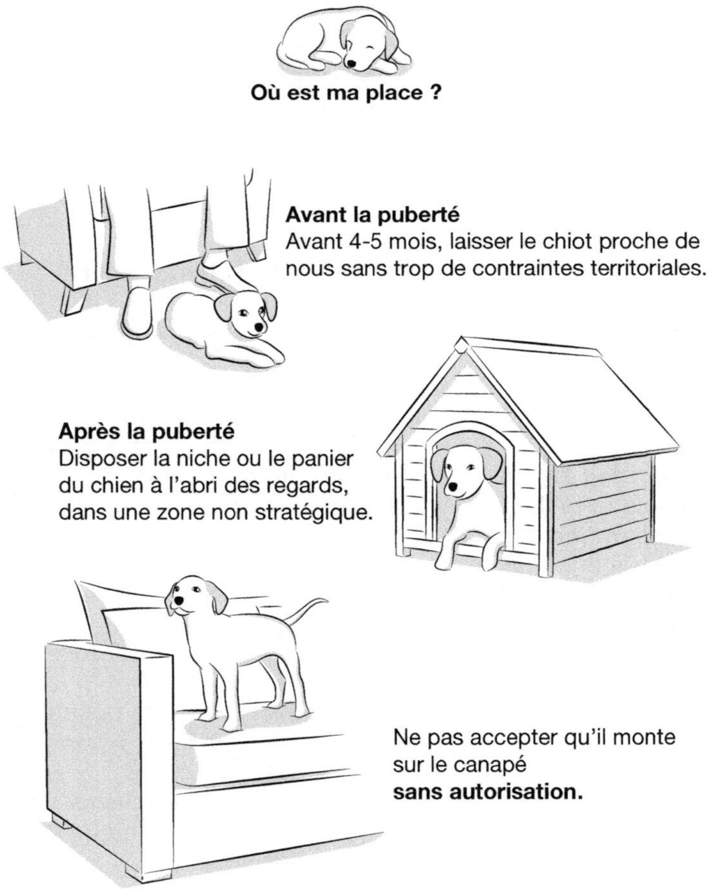

La gestion de l'espace avant et après la puberté

devez donner des autorisations. Par exemple, un chien qui monte sur votre lit sans autorisation doit en être chassé immédiatement. Si vous souhaitez lui accorder ce privilège, vous devez l'y inviter. Si ce n'est pas le cas, il doit en être renvoyé avec fermeté, en pointant du doigt l'endroit où il lui faut retourner – sa place, de préférence.

L'âge à partir duquel cette autre loi canine doit être appliquée est variable et dépend du développement social du chiot. Avec un chiot de 2 mois, vous pourrez être plus tolérant, mais quand il commencera à prendre la place du « chef », sans doute vers l'âge de 6 mois, il vous faudra imposer des règles d'accès au territoire – aussi appelées règles de contrôle de l'espace. L'idéal est d'attribuer un panier au chiot où vous pourrez le renvoyer plusieurs fois dans la journée à titre d'exercice.

Plus les règles de territoire seront clairement définies et moins il y aura d'agressions. Si jamais votre chien de plus de 6 mois commence à grogner parce que vous le repoussez du canapé où il s'est installé en premier, n'hésitez pas à consulter un vétérinaire.

**Organisation de l'espace :
les règles à suivre à partir de la puberté**

À FAIRE	À NE PAS FAIRE
• Attribuer à votre chien une place dans un lieu non stratégique. • Le renvoyer de temps en temps à son panier pour lui apprendre à obéir. • Lui installer un panier confortable. • Le laisser tranquille lorsqu'il est dans son panier. • L'appeler pour le faire sortir du panier, sans l'attraper.	• Laisser votre chien choisir sa place (ou les meilleures places). • Le laisser dormir sur le lit ou le canapé sans autorisation. • Lui choisir un endroit à même le sol. • L'attraper par le collier pour le faire sortir de son panier. • Le corriger lorsqu'il est dans son panier.

Accompagnée de sa fille de 2 ans, Madame vient demander conseil à l'accueil avec sa chienne China, un jack russel de 5 ans. China commence en effet à grogner lorsqu'elle est sur le canapé et que sa fille la pousse. Madame nous dit : « Je ne comprends pas, China est un chien adorable, elle n'a jamais posé de problème. Je crois que c'est ma fille qui exagère. Dites-moi comment je peux lui expliquer de laisser la chienne tranquille… »

La demande de Madame nous interpelle tous ! Madame n'a pas l'air de savoir que les enfants de 2 ans ne sont pas capables de décrypter les signaux d'agressivité chez un chien. En outre, China détient des privilèges concernant le choix du territoire, en particulier des meilleures places ; elle monte sur le canapé sans autorisation depuis toujours. Nous comprenons qu'il va être difficile de changer les habitudes de cette chienne sans expliquer à sa propriétaire toutes les bases de l'éthologie canine. Nous donnons rendez-vous à Madame le lendemain.

Pourquoi cette propriétaire pense-t-elle que c'est sa fille qui exagère ? Sans doute parce qu'elle a eu beaucoup de chance jusque-là avec sa chienne, que son éducation ne lui a jamais posé de problème, que China lui obéit bien et ne fait aucune bêtise.

Il arrive souvent, et heureusement, que les chiens s'élèvent « tout seuls », sans qu'on ait à leur imposer de règles sociales. En général, c'est parce qu'ils ont été éduqués par l'éleveur ou par leur premier propriétaire avant leur adoption. Ils ont ensuite reporté leur attachement sur leur nouveau maître. Ils ne posent aucun problème jusqu'au jour où…

Les règles sociales concernant le territoire sont des règles faciles à mettre en place. Dans le cas de Madame, nous lui avons demandé de trouver elle-même une solution à la gestion du territoire. Elle a choisi d'acheter quatre paniers pour les disposer à chaque coin de la maison, et ainsi compenser les frustrations à venir ! Pourquoi pas ? Nous avons profité de la consultation pour lui indiquer les mesures à prendre afin de mettre en place les autres règles sociales – les règles alimentaires et les règles sur l'initiative des contacts. Depuis, China n'a plus posé de problème, aucune séquence agressive ne s'est reproduite et la petite fille a grandi.

Comment gérer les contacts avec son chien ?

Quoi de plus désagréable qu'un chien qui vous saute dessus en permanence et que l'on est obligé de repousser ? D'ailleurs, lorsque les chiens vivent en meute et qu'un chiot sollicite à l'excès un adulte, celui-ci le repousse en grognant et même en le plaquant au sol. Ce sont les chiens adultes qui décident du contact avec les chiots, jamais l'inverse.

Vous devrez procéder de la même façon avec votre chien dès qu'il aura atteint la puberté. Jusqu'à l'âge de 3-4 mois, âge auquel la mère chienne commence le détachement avec ses chiots, vous pouvez être plus tolérant, mais si vous remarquez que votre chiot veut s'imposer, mieux vaut commencer à le repousser quand il sollicite le contact, par exemple en l'envoyant dans son panier ou en le faisant asseoir et attendre.

Une fois que votre chiot aura renoncé, nous vous conseillons de le rappeler une fois sur trois environ. Ainsi vous satisferez le besoin de contact de votre animal, tout en conservant l'initiative. Même si vous ne remarquez pas que votre chiot devient insistant en tentant de s'imposer, ce n'est d'ailleurs pas le cas de tous les chiens, il est fondamental de respecter la période de détachement, notamment en commençant à éloigner le lieu de couchage de votre chiot du vôtre – mettez son panier dans une autre pièce que votre chambre par exemple.

➤ *L'apprentissage de l'indépendance*

Gérer le contact, c'est apprendre à un chiot qu'il ne peut pas à tout moment être collé à son être d'attachement et qu'il doit devenir indépendant. Si cette période de détachement n'est pas organisée au moment de la puberté, votre chien risque de développer un hyperattachement qui sera à l'origine d'un état d'anxiété. Or limiter les risques d'anxiété, c'est aussi limiter les risques d'agressivité. Prenons le cas d'un chien hyperattaché à sa maîtresse. Lorsque celle-ci embrasse un ami, son chien peut se montrer agressif avec elle ou avec son ami, parce qu'il ne veut pas qu'elle le repousse pour s'approcher d'une autre personne…

Cette gestion des contacts avec un chiot de 6 mois à 1 an est très simple ; pour un chien plus âgé, en revanche, il est parfois conseillé de se faire aider par un vétérinaire s'il s'oppose au changement de comportement.

Madame est arrivée à la consultation avec son berger allemand, un mâle de 5 ans, qui aboie en son absence et lorsqu'elle répond au téléphone. Lorsque Madame est entrée dans la salle de consultation, au lieu de tenir son chien en laisse, c'était le chien qui la tirait par le bras.

Sa gueule tenait son bras ! Nous n'avions jamais vu cela ! Comment un chien pouvait-il devenir le conducteur de son maître à ce point-là ?

Ce chien avait été adopté à l'âge de 2 mois. Sa maîtresse lui avait donné beaucoup d'affection parce qu'il remplaçait un enfant qu'elle n'avait pas pu avoir. Durant sa période prépubertaire – la puberté a lieu vers 10 mois environ chez un berger allemand –, il n'avait jamais été repoussé. Sa maturité n'était pas celle d'un chien adulte.

Toutes les initiatives de contact de l'animal étaient suivies d'une réponse de sa propriétaire. Le chien lui apportait un

La gestion des contacts

Comment me toucher ?

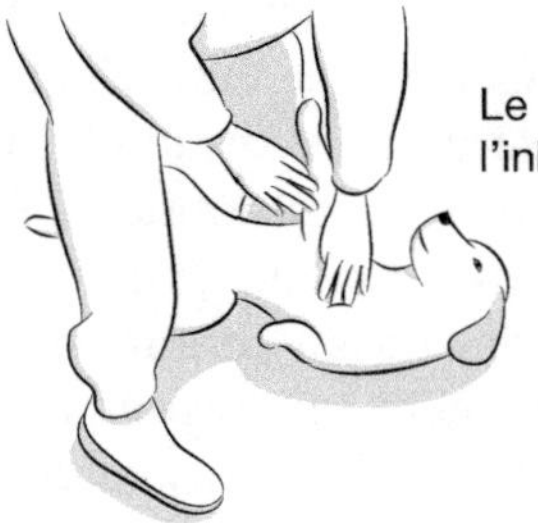

Le propriétaire doit conserver l'initiative des contacts.

Si le chien sollicite un contact,
il faut le repousser
puis le rappeler dès qu'il a renoncé.

Le propriétaire doit décider du moment où il a envie de jouer. Si le chien apporte sa balle, il ne faut pas l'accepter. Il est conseillé d'attendre que le chien ait renoncé au jeu, puis, une minute après, l'appeler pour jouer.

– *Pourquoi réserver les initiatives des contacts au maître ?* Votre chien vient près de vous et vous pousse la main ou vous gratte la jambe afin d'être caressé. Quoi de plus normal et de plus agréable pour vous ! Mais que se passe-t-il dans sa tête à lui ? Nous, nous pensons : « Qu'est-ce qu'il est affectueux ! Décidément, ce chien m'aime beaucoup... » Mais lui ? Personne n'a vraiment la clé du langage canin, mais si votre chien, lorsqu'il demande une caresse, l'obtient, il pourrait considérer que vous lui dites ainsi : « C'est bien toi qui décides. J'accepte de t'obéir et je te caresse comme tu le souhaites. »

– *Si le chien réclame un contact, que faire ?* Il est très difficile de repousser un chien qui vient vers vous pour se faire caresser. Si nous le repoussons avec la main en même temps que nous le regardons, le chien ne comprend pas toujours parce que le regard signifie plutôt « viens » dans son langage. Si vous voulez le repousser, il faut le pousser significativement de la main, mais sans le regarder. Si vous devez le faire vingt fois, ce n'est pas grave : l'éducation, c'est de la répétition ! L'idéal est de ne pas céder tout de suite, mais de lui donner d'abord un ordre à exécuter, avec une friandise comme récompense à la clé. Apprendre à le faire attendre en s'asseyant, est une bonne solution. La caresse est également une récompense et selon les chiens – certains sont moins gourmands que d'autres – et le contexte – il est souvent nécessaire d'adapter le type de récompense à la motivation du chien qui, elle, dépend du contexte, elle peut se substituer à la friandise.

– *Pourquoi refuser de jouer avec un chien qui le demande ?* Comme pour les contacts, votre chien risque de penser qu'il est le seul à décider du moment où les interactions ludiques ont lieu ! Il est important de jouer avec votre chien chaque fois que vous êtes disponible. Le jeu est un très bel échange ; il permet d'apprendre à votre animal à se contrôler, tout en entretenant votre complicité. N'acceptez pas qu'il vous mordille les mains, en revanche, et jouez calmement. Il arrive souvent que le chien salue le retour de son maître le soir avec un jouet dans la gueule. En général, on se dit : « Comme il est mignon ! Il vient m'accueillir avec sa balle ! Le pauvre, il est resté si longtemps tout seul ! » Lui pourrait bien se dire, de son côté : « Mon maître arrive, je vais essayer de lui apporter un objet ou un jouet pour qu'il s'intéresse à moi tout de suite en rentrant. Ça me permettra de vérifier que c'est bien moi qui décide. Après tout, mon maître me montre régulièrement que je mérite toutes les attentions ! »

jouet ; elle jouait. Le chien lui apportait la laisse ; elle le sortait. Le chien poussait sa gamelle avec la gueule ; elle lui servait son repas. Quand elle s'asseyait sur le canapé, il s'asseyait à côté et, si des amis étaient présents, ils s'asseyaient sur une chaise. Petit à petit, le chien avait appris à attraper le bras de sa maîtresse pour qu'elle se déplace là où il le voulait. Dans la salle de consultation, Madame était très fière de pouvoir nous montrer ce comportement.

Comment faire comprendre à cette dame qu'un chien ne doit pas avoir l'initiative des contacts ?

Si son animal aboie lorsqu'elle quitte l'appartement, c'est parce qu'il n'a pas décidé de lui donner l'autorisation de sortir. Dans sa logique canine, il n'accepte pas de rester seul alors qu'elle a quitté le territoire. Nous insistons sur ce point et lui expliquons qu'inverser les rôles pourrait aider à faire baisser les vocalises de son chien. Nous lui demandons de réaliser, durant un mois, l'essai suivant : ne laisser aucune initiative à son chien et se les garder toutes, ce qui revient à inverser les rôles habituellement tenus par l'un et l'autre.

La demande est rejetée, Madame refuse en bloc notre proposition.

En attendant de trouver une solution, nous examinons le chien. Nous lui découvrons lors de son auscultation cardiaque un souffle mitral. Il faut savoir que le souffle mitral est rare chez les grandes races et très fréquent chez les petites. Ce souffle nous inquiète et nous expliquons à la maîtresse qu'il est essentiel pour son chien de ne pas subir de stress, car son cœur, pour être préservé, doit éviter les accélérations de rythme. Nous lui expliquons aussi que son animal subit peut-être des variations importantes de pression artérielle lors de certains événements – par exemple, lorsque le téléphone sonne et qu'il se met à aboyer. À ce moment-là, il est possible que sa pression artérielle monte. Nous lui fixons un rendez-vous pour une échographie cardiaque la semaine suivante.

À notre grande surprise, lorsque Madame revient, le comportement de son chien a changé. Elle nous dit qu'elle a mis en pratique tous les conseils que nous lui avions demandé de suivre. Elle a eu très peur pour son cœur et elle a compris que le comportement qu'elle adoptait avec son chien était davantage une source d'inquiétude que d'apaisement.

Madame nous avoue qu'elle est elle-même atteinte d'une maladie mitrale et qu'elle est sujette aux attaques de panique. Elle estime que la maladie mitrale a un lien avec le trouble panique chez l'être humain. Alors pourquoi pas chez le chien ? Nous confirmons : chez le chien, il existe également un lien entre la pathologie cardiaque et l'anxiété.

Changer l'organisation de vos contacts avec votre chien peut donc avoir une incidence forte sur l'équilibre émotionnel de votre animal. Il est important que celui-ci puisse « se reposer » sur une personne qui décide pour lui. La plus grande difficulté dans ce genre de situation est souvent de faire accepter ce changement d'habitude par le propriétaire. Dans l'histoire que nous venons de rapporter, la propriétaire était fière du comportement de son berger allemand. S'il n'y avait pas eu ces vocalises, elle n'aurait jamais demandé conseil, et son chien aurait continué à vivre ainsi au détriment de sa santé physique et psychologique. Sans parler de la probable dégradation de sa relation avec sa propriétaire s'il avait fini par développer des comportements agressifs…

> ☞ **À retenir**
>
> Certes, il peut arriver que certains chiens, malgré des prérogatives hiérarchiques, ne présentent pas d'agressivité particulière. Toutefois, il faut savoir qu'il est très difficile d'induire une régression des séquences agressives chez un animal qui possède des privilèges auxquels il est attaché dans l'un des domaines suivants : l'alimentation, la gestion de l'espace et l'initiative des contacts.

➤ *Comment manipuler un chien ?*

Une fois que votre chiot accepte que vous ayez l'initiative du contact, comment devez-vous le toucher ? Certaines zones de son corps ont-elles une signification particulière ? Le fait de les stimuler peut-il rendre votre chien plus docile ?

• *Plus un chiot est habitué à être touché et plus il devient tolérant au contact* : or, au cours de sa vie future, il ira chez le vétérinaire, chez le toiletteur ; peut-être passera-t-il devant un juge pour l'obtention d'un pedigree ; peut-être que des enfants le manipuleront sans trop de précautions. Par conséquent, vous devez veiller à augmenter la fréquence de ses contacts durant toute la période de son développement – entre 3 et 12 semaines d'âge – et à varier les types de personnes rencontrées – enfants, adultes, porteurs d'uniforme, etc.

• *Certaines zones du corps d'un chiot sont plus sensibles que d'autres* : lorsqu'il a besoin d'être calmé, vous pouvez lui masser le pourtour des babines et des yeux ainsi que le cou, car ce sont des zones riches en fibres sérotoninergiques, ces fibres nerveuses qui possèdent une action apaisante. Lorsque les « mères chiennes » font la toilette de leur petit, elles leur lèchent les babines, le pourtour des yeux et le cou. Pour habituer votre chiot à être manipulé au niveau des pattes, nous vous conseillons de lui masser les coussinets et tous les doigts. Une fois chez le vétérinaire ou le toiletteur, il se laissera ainsi plus facilement examiner les pattes ou couper les ongles. Les oreilles sont également des zones qu'il faut pouvoir examiner sans provoquer de réaction vive de la part de l'animal. La bouche sera régulièrement ouverte afin d'observer les dents. Soulever la queue d'un chiot ne doit pas non plus poser de problème. Les enfants qui oseraient le faire ne doivent donc pas être réprimandés !

Éviter de faire mal

Si les contacts doivent être nombreux et diversifiés, il ne faut pas qu'ils soient douloureux. Une mauvaise expérience peut marquer durablement un animal. Par exemple, le retrait d'une herbe dans l'oreille d'un chiot peut rendre celui-ci réfractaire à un examen des oreilles ultérieur chez le vétérinaire.
Dans la mesure du possible, lors de l'examen de votre animal, votre vétérinaire choisira une sédation, voire une anesthésie de courte durée afin d'éviter les expériences négatives, voire traumatisantes.
Il est également conseillé de surveiller les enfants qui manipulent des chiots afin que les contacts ne soient que positifs et que la socialisation aux enfants se déroule bien.

Hugo est un bouledogue français de 2 ans. Lorsqu'il était encore chiot, il a été amené en urgence chez le vétérinaire parce qu'il présentait une plaie de la cornée. Sur la table de consultation, le chien tremblait, il souffrait. Hugo a effectivement beaucoup souffert de son œil. Il n'a pas mangé pendant quarante-huit heures.

Depuis cet accident, Hugo ne supporte plus que le vétérinaire lui touche la face. Il fait des bonds en l'air dès que la main du soigneur et même celle de sa maîtresse s'approchent trop près ou lui effleurent la gueule. Il se laisse en revanche manipuler les pattes, le dos et le ventre.

Chez le vétérinaire, ce chien est capable d'agresser en mordant si on lui touche la tête. En revanche, à la maison, sa maîtresse peut le faire sans déclencher d'incident. À l'évidence, Hugo a associé la douleur à la table du vétérinaire, et cette douleur s'est transformée en phobie des soins de la face. Il est quasiment impossible de le guérir de cette phobie. Si, un jour, il présente une otite, il faudra le tranquilliser avant de l'examiner – en lui faisant avaler un comprimé avant de venir ou en pratiquant une injection dès son arrivée.

Parlez-en à votre vétérinaire !

Il faut toujours informer l'équipe soignante lorsqu'un chien présente une phobie du vétérinaire parce qu'une agression est possible, voire probable, et peut entraîner des conséquences graves.
En règle générale, un chiot ne doit avoir que des contacts positifs – qu'il s'agisse de personnes, d'autres chiens ou même d'autres espèces comme les chats, par exemple. S'il arrivait qu'il soit profondément mordu par un autre animal, n'hésitez pas à consulter un vétérinaire qui vous proposera un traitement anxiolytique qui l'aidera à oublier cet événement traumatisant.

Comment jouer avec son chien ?

Existe-t-il des techniques de jeu ?

Pour répondre à cette question, il suffit dans un premier temps d'observer les chiots jouer entre eux et avec leur mère. Lorsqu'ils jouent entre eux, les jeux sont assez violents, mais dès qu'un chiot mord un peu trop fort son congénère, ce dernier crie et le jeu s'interrompt pour reprendre quelques secondes plus tard. Si ce n'est pas le cas, la mère intervient en sanctionnant le chiot mordeur. De même, lorsque les petits jouent avec leur mère, celle-ci régule systématiquement les séquences en plaquant les chiots au sol en cas de débordement.

Les recommandations que nous pouvons vous donner seront donc simples : il faut jouer calmement avec son chien et stopper le jeu dès que celui-ci s'excite trop. Il est également souhaitable d'introduire des phases d'arrêt entrecoupant le jeu.

Vous pouvez apprendre très tôt à votre chiot des jeux « intelligents » comme chercher un jouet que vous aurez caché au préalable. Les chiens adorent en général apporter leur balle et vous la donner ou la poser à vos pieds. Si le vôtre n'accepte pas que vous l'attrapiez, tournez les talons et arrêtez le jeu.

Attention !

Il est toujours déconseillé de jouer à des jeux de tiraillements ou d'accepter le moindre contact des dents de votre chiot sur votre peau. Tous les jeux qui renforcent le comportement de morsure risquent en effet de déstructurer la séquence de morsure qui commence habituellement par une phase de menace avec, le plus souvent, des grognements, mais aussi d'autres signaux comme le raidissement du corps ou des manifestations d'inconfort comme le fait de sortir la langue de façon itérative.

Si vous apprenez à votre chiot à mordre directement un jouet, il pourrait alors se conduire de la même façon dans des situations où il se sent menacé et mordre sans prévenir, c'est-à-dire sans grogner.

Les jeux peuvent être lancés avec une musique, toujours identique, que le chien associera au plaisir de jouer. Il pourra ainsi se préparer dès que vous mettrez cette musique. Le jeu acquerra une signification de « rituel ».

Quand vous jouez, vous devez interdire à votre chiot de vous sauter dessus. Faites-le en levant le genou et en regardant à côté. Si votre chien insiste, vous arrêtez le jeu. S'il redevient calme, vous le reprenez.

Un conseil

Un chiot qui n'a pas envie de jouer est le plus souvent un chiot malade ou qui présente un état anxieux ou dépressif. Nous vous conseillons alors de contacter le vétérinaire afin de le faire examiner.

Comment jouer avec son chien tout en contrôlant son activité motrice ?

➤ *Faut-il arrêter quand il est trop excité ?*

Dans toutes ses séquences comportementales, vous devrez arrêter votre chiot dès qu'il sera trop excité. Ce contrôle de l'excitation lui permettra, plus tard, de se contrôler dans ses interactions avec des personnes ou des animaux.

Lorsqu'une chienne adulte rencontre un chiot, si celui-ci est trop excité, elle fonce sur lui pour le calmer. Elle peut d'ailleurs réagir de la même façon avec des petits enfants trop énervés si elle se perçoit comme dominante dans la famille. Les chiennes détestent les cris et les comportements excessifs…

➤ *Comment réagir lorsqu'un chiot mordille ?*

Votre chiot ne doit pas vous mordiller les mains, même pour jouer. Contrairement aux idées reçues, il ne mordille pas pour faire ses dents. Lorsqu'il était avec sa mère, celle-ci n'acceptait pas ses mordillements : vous devez faire de même !

Une technique simple pour qu'il arrête de mordiller consiste à lui pincer les babines contre ses crocs de lait supérieurs qui sont très pointus. Il faut le pincer d'un geste rapide et efficace. Si le chiot ne crie pas lorsque vous le faites, n'insistez pas : il vaut mieux faire ce geste une seule fois, mais correctement, que plusieurs fois de suite et sans effet.

Vous pouvez également pincer votre animal en lui tournant la peau de l'échine et le retourner gentiment sur le dos en l'immobilisant pendant quelques secondes dans la posture de soumission. Vous pourrez relâcher la pression de vos mains quand il sera détendu. Vous vous rendrez vite compte que votre chiot se laisse spontanément faire lorsque l'on répète plusieurs fois la séquence.

À court et à long terme

À court terme, empêcher un chiot qui joue de mordiller permet aussi d'éviter qu'il ne mordille les pieds de table, les chaussons, etc. À plus long terme, vous lui apprendrez, en l'obligeant à contrôler ses mordillements, à contrôler sa morsure à l'âge adulte ainsi que l'ensemble de ses comportements moteurs.

Miko est un scottish terrier de 4 mois qui vient à la clinique en consultation vaccinale. À l'occasion de cette visite, son propriétaire nous demande s'il est possible de lui couper les griffes parce qu'elles lui font mal lorsqu'ils jouent ensemble.

Nous vérifions que Miko n'est pas un chiot hyperactif qui aurait du mal à contrôler ses mouvements. Le bilan de l'examen montre un animal bien équilibré. Miko est juste comme tous les chiots : lorsqu'il joue un peu trop fort, il griffe et irrite la peau. Nous conseillons donc à son maître de ne pas lui faire couper les griffes.

Pourquoi ?

Dans notre pratique, nous avons souvent pu observer qu'un chiot à qui l'on coupe les griffes est un chiot qui fait moins mal pendant les jeux, mais qui joue « plus fort » que les autres. En effet, lorsque ses griffes sont bien pointues, comme il fait plus mal, les maîtres ont tendance à réagir plus rapidement en émettant un ordre ferme, ce qui arrête immédiatement le chiot qui s'aplatit ! La nature fait donc bien les choses ! Ne coupez pas forcément les ongles à votre chiot : vous réagirez ainsi plus tôt à son impétuosité et l'arrêterez plus vite, lui apprenant ainsi à se contrôler !

Monsieur insiste malgré tout et nous obtempérons parce que, chez lui, il y a de la moquette et que le chiot s'y accroche. Il a bien compris toutefois qu'il ne doit pas laisser son chiot griffer quand ils jouent et qu'il est nécessaire de l'arrêter si les séquences de jeu deviennent trop brusques !

Peut-on laisser des enfants jouer seuls avec un chiot ?

Ici, l'âge des enfants est évidemment de première importance.

S'ils sont en âge de comprendre quand vous leur expliquez comment jouer avec le chiot et s'ils sont capables de respecter les deux consignes – ne pas trop l'exciter et ne pas jouer à des jeux de tiraillements –, il n'y a pas de problème. Si ce n'est pas le cas, vous devrez les surveiller et arrêter la séquence en cas de débordements.

Dans tous les cas, si votre chiot est considéré comme hyperactif par votre vétérinaire, il vous faudra limiter les jeux avec les enfants.

Nous vous conseillons les clubs d'agility où toute la famille peut venir s'entraîner avec son chien. Celui-ci apprendra ainsi à canaliser son énergie par le jeu et présentera un meilleur développement social.

Victoire est une chienne berger des Pyrénées de 6 mois qui vient en consultation avec toute la famille. Cette dernière est constituée de Madame, Monsieur et de trois enfants âgés de 2, 7 et 9 ans. Les deux aînés sont calmes, mais le petit dernier paraît terrible ! Il crie sans arrêt et fait le tour de la salle en courant derrière la chienne qui, elle non plus, n'arrête pas. La consultation s'annonce difficile...

La régulation du jeu

- *La régulation des jeux* : spontanément, une mère chien arrête ses chiots lorsqu'ils sont surexcités. Vous devrez de même calmer votre animal s'il s'excite trop lorsqu'il joue. Plus vous chercherez régulièrement à le calmer, plus il apprendra à se contrôler et plus il sera capable de le faire tout seul plus tard. La régulation du chiot au cours des jeux peut se faire, par exemple, en arrêtant le jeu si l'animal est trop énervé et en le reprenant, une fois qu'il s'est calmé. Attention : les jeunes enfants n'arrivent pas à réguler les jeux ; il est donc important que les parents pensent à intervenir.
- *L'interdiction des jeux de tiraillement* : il n'est pas conseillé d'apprendre à un chien à se servir de sa mâchoire en dehors de la prise alimentaire. Quand vous jouez ensemble, n'encouragez jamais votre chiot à tenir et à garder un objet : cela pourrait l'inciter à pratiquer la morsure tenue. Préférez le rapport d'objet dans le calme.
- *L'interdiction des mordillements* : il y a une forte corrélation entre le déficit du contrôle des mordillements et les risques de morsure et de destruction d'objets – même s'il peut exister d'autres raisons, comme l'anxiété, aux destructions, notamment en l'absence des maîtres. Plus vous aurez contrôlé les mordillements de votre chiot, et moins celui-ci fera de dégâts à la maison ! Expliquez bien à vos enfants qu'un chiot qui mordille en prenant contact avec la peau ou les vêtements doit être renvoyé « à sa place » et qu'il faut arrêter immédiatement le jeu. En revanche, il est fortement conseillé de fournir à votre chiot des jouets ou des os spécifiques, dans cet objectif. L'activité masticatoire constitue, en effet, une composante à part entière de l'activité de l'animal.
- *Dans tous les cas* : enfant + chiot + jeux = contrôle obligatoire par les parents.

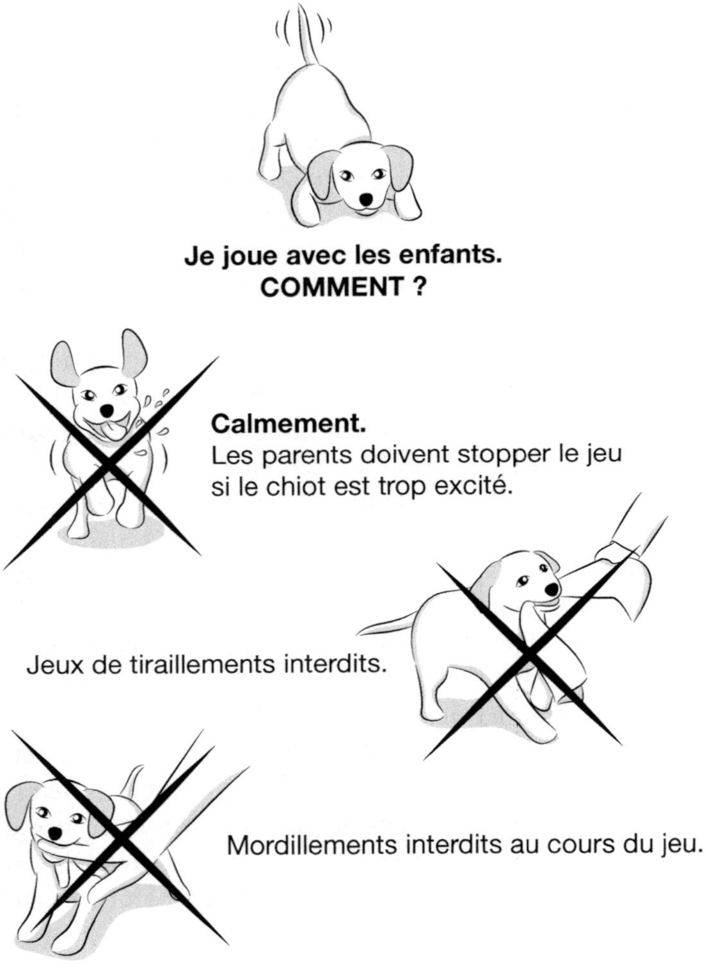

Au premier coup d'œil, nous comprenons que nous sommes en présence d'un chien hyperactif, d'un enfant qui semble hyperactif – nous ne sommes pas psychiatres – et d'un couple de parents excédés par l'ampleur du travail qu'il faudrait accomplir pour réguler ce petit monde.

En une demi-heure, toute notre équipe est dépassée. Il faut remettre à leur place tous les objets qui ont été touchés. Il faut jeter la ouate que la chienne a déroulée sur le sol pendant que le petit glissait sur un biberon qui s'était renversé. Il faut aussi conduire les autres enfants aux toilettes.

Nous arrivons à établir, malgré tout, un bilan comportemental du chiot et nous commençons à expliquer aux parents qu'il est important d'aider un chien hyperactif à se contrôler par des techniques précises et surtout qu'il ne faut pas utiliser la punition pour y arriver. Frapper un chien hyperactif n'a jamais donné de résultats. À notre grande surprise, les parents nous répondent : « S'il ne faut pas frapper un chien hyperactif, alors c'est le petit qu'il faudra frapper si on veut qu'ils s'arrêtent ! » Nous comprenons que, jusqu'à présent, c'est le chiot qui était battu lorsqu'il courait en tous sens avec l'enfant. Et que les sanctions tombaient fréquemment. Nous sommes préoccupées par cette réponse.

Que conseiller pour qu'il n'y ait plus de punitions physiques ?

Nous expliquons aux parents qu'un chiot hyperactif sera d'autant plus actif qu'il est corrigé, parce qu'il deviendra plus anxieux et, donc, plus agité. Nous leur apprenons également qu'un chien hyperactif est plus habile qu'un chien calme et qu'il serait intéressant d'inscrire le leur dans un club d'agility afin qu'il puisse canaliser son énergie et développer ses capacités cognitives !

Le fils aîné du couple intervient à ce moment-là : « Tu vois, papa, je t'avais parlé de l'agility ! Cela permettra à Thomas et à Victoire de se défouler ! » Le père trouve l'idée intéressante et propose à sa femme d'inscrire leur chiot.

Nous saurons plus tard que ce chiot a bien évolué et qu'il a gagné des concours. L'agility est même devenue la passion des parents qui ont acheté un camping-car pour se déplacer sur les lieux de concours. L'agility a soudé la famille ! Un psychiatre a également été consulté pour le plus jeune garçon. Sans doute les troubles du comportement du chiot ont-ils aidé à la prise en charge psychiatrique précoce de cet enfant.

Quand et comment démarrer l'obéissance et la propreté avec son chien ?

Quand et par quoi commencer ?

Un chiot de 2 mois doit se socialiser en restant proche de son maître et en revenant sans cesse vers lui. Ce n'est pas l'obéissance, mais l'attachement au maître qui doit primer à cet âge. Vouloir faire obéir trop strictement votre animal à cet âge risque de le rendre anxieux. Veillez donc à ne pas aller trop vite et à ne pas sauter d'étapes.

Vers 2 mois, vous devez, en revanche, penser à instaurer le contrôle des mordillements, que vous pourrez associer à l'apprentissage du « assis » qui accélère également l'acquisition des autocontrôles.

Entre 2 et 4 mois, attachez-vous surtout à mettre en place un bon équilibre émotionnel chez votre chiot – attachement sécure, bonne socialisation, adaptation aux bruits, acquisition des autocontrôles – et à lui apprendre à devenir propre.

À partir de 4 mois, tous les autres apprentissages viendront ensuite progressivement – marche en laisse, etc.

Les deux consignes essentielles

– À 2 mois, il n'y a que le contrôle des mordillements qui doive être respecté à 100 %.
– Si votre chiot de 2 mois ne vous suit pas ou ne vient pas lorsque vous l'appelez, c'est que le lien d'attachement qui le lie à vous n'est pas assez fort ou sécure : vous devez vous employer à le renforcer !

Comment réussir le rappel au pied ?

Pour que votre chiot revienne au pied, accroupissez-vous et tapotez sur votre cuisse comme pour un « appel au jeu ». Dès qu'il est revenu, caressez-le en le félicitant ou en le récompensant avec une friandise.

S'il ne revient pas, n'essayez pas de l'attraper pour le punir parce que vous obtiendrez l'effet inverse du rappel : il se sauverait à chaque fois que vous l'appelleriez.

Choisissez plutôt de lui tourner les talons et de partir sans lui.

La propreté : autorité ou patience ?

L'acquisition de la propreté se fait naturellement chez le chiot qui sort de son panier pour uriner à l'extérieur. Cependant, vous devez l'aider à choisir des aires d'élimination qui respectent l'environnement et votre mode de vie. Pour cela, récompensez-le quand il urine ou défèque au bon endroit.

Ne le grondez jamais sauf s'il est pris « en flagrant délit de malpropreté ». Dans ce cas, interrompez-le dès qu'il se met en position d'élimination, en disant « non », et orientez-le vers l'endroit approprié, puis récompensez-le quand il a terminé. Ne lui mettez pas non plus le nez dans ses déjections : cela n'a aucune valeur éducative et ne constitue en rien une punition pour un chien – ce n'est pas désagréable pour lui !

Pour que l'acquisition de la propreté se fasse rapidement, il vous faudra guetter les moments d'élimination, à savoir : au réveil, après le jeu, après les repas et, de façon générale, dès que votre chiot cesse une activité. Si celui-ci dort encore près de vous, prenez-le dans les bras avant qu'il ne se réveille et amenez-le à l'endroit où vous souhaitez qu'il fasse ses besoins. S'il ne dort pas près de vous, il faut que vous le preniez dans vos bras quand il dort encore, mais c'est plus délicat, car le bruit de vos pas risque de le réveiller avant. C'est d'ailleurs pour cette raison aussi qu'il est préférable de faire dormir votre chiot à côté de vous.

Dans tous les cas, ne vous énervez pas à cause de cet apprentissage, soyez patient et persévérez. L'acquisition de la propreté se fait vers 4 mois environ. C'est l'âge en effet à partir duquel s'acquiert le contrôle des sphincters.

Faut-il punir un chien ?

Globalement, ce sont les méthodes positives, c'est-à-dire avec récompenses, qui permettent d'accélérer les apprentissages. Les punitions, elles, ne servent qu'à recadrer un animal en lui inculquant des limites. Elles ne doivent jamais être traumatisantes et ne pas être trop fréquentes. S'il fallait absolument définir une fréquence, nous dirions qu'il ne faut pas dépasser 1 punition pour 10 récompenses.

➤ *Les règles de base*

• Nous vous conseillons de préférer les corrections éthologiques, c'est-à-dire les punitions conformes au répertoire comportemental du chien. Dans la nature, une mère chienne n'a pas d'outil à sa disposition pour corriger son chiot. Prenez, une fois encore, exemple sur elle, et renoncez au journal ou à tout autre accessoire. Par exemple, si votre chiot mordille les pieds de chaises, pincez-lui les babines jusqu'à ce que ses crocs supérieurs le piquent : il s'arrêtera. Ou bien, s'il est trop énervé, mettez-le dans son panier en lui disant « à ta place » et empêchez-le d'en partir soit en l'y renvoyant chaque fois qu'il tente d'en sortir, soit en lui donnant une occupation pour qu'il y reste, comme un jouet ou un os à ronger.

• Si vous donnez l'ordre à votre chiot d'aller dans son panier, pensez bien à regarder le panier, c'est-à-dire l'endroit où il doit aller, et pas votre chiot. En effet, regarder un chien, c'est lui demander de venir – généralement, on y associe une posture amicale comme s'accroupir en se tapotant la cuisse – ou bien se positionner en tant que « challenger » – pour l'accès à un endroit privilégié comme le canapé par exemple. Or vous n'êtes dans aucune de ces deux situations…

• Enfin, ne confondez pas correction et rappel : si votre chien ne vient pas lorsque vous l'appelez, n'utilisez pas le ton de la punition pour l'y inciter une nouvelle fois, et ne le punissez pas lorsqu'il revient.

➤ *Et s'il s'aplatit lorsque je le corrige ?*

Si, lors d'une correction, votre chiot s'aplatit, c'est-à-dire se soumet, il faut arrêter la correction. En effet, un chien qui se soumet devant un autre chien est un chien qui a compris les signaux qui lui sont envoyés et qui accepte de se soumettre au dominant. Chez ce dernier, l'agressivité est alors inhibée et les menaces arrêtées immédiatement.

Si vous n'arrêtez pas la correction lorsque votre chiot se soumet, il ne comprendra pas pourquoi, alors qu'il s'est soumis, vous continuez de le corriger et il aura de plus en plus peur…

Cette très grande peur correspond à une situation de détresse aiguë. En effet, un chiot ne peut pas comprendre pourquoi, alors qu'il s'est soumis, on continue de le menacer ; il ne peut intellectualiser cette aberration de communication. Et comme il ne possède pas d'autre comportement pour stopper vos menaces, vous risquez, en agissant de la sorte, de favoriser son anxiété.

Comment identifier les premières émotions de son chien ?

Nos propres émotions ont-elles une influence ?

Nous l'avons souvent dit dans ce livre, la peur se transmet au bout de la laisse. Attention, donc, à vos émotions ! Un chiot n'est généralement pas peureux à 2 mois mais, à 3 mois, certains ont déjà un comportement de crainte. Et, le plus souvent, c'est nous qui sommes responsables de l'augmentation de cette crainte par le biais de la laisse !

N'ayez pas peur !

Prendre votre chiot dans les bras dès que vous croisez un gros chien contribue à le désocialiser. Il est absolument essentiel qu'un chiot ne soit pas pris dans les bras chaque fois que son maître a peur d'une situation. Ces chiens-là, nous les appelons des chiens « hélitreuillés », parce qu'ils sont tractés vers le haut par le bout de la laisse !

Une jeune fille vient en consultation avec sa grand-mère parce que son labrador, Titus, un mâle de 5 ans, se jetait sur tous les grands chiens qu'il croisait. Les personnes qui habitent l'immeuble commencent à s'inquiéter et demandent que le chien soit vu par un comportementaliste.

La grand-mère de la jeune fille ne croit pas aux miracles, elle pense qu'il faudra se séparer du chien, elle a très peur de ses réactions. Elle pense qu'il va un jour tuer un autre chien. Sa petite-fille est beaucoup moins inquiète parce qu'avec elle tout se passe bien, ce que ne croit pas sa grand-mère. Ces deux personnes entretiennent à première vue des relations conflictuelles.

Face à des avis aussi différents, nous décidons d'interroger chaque personne séparément avec le chien et de tester le comportement du chien en présence de chacune.

Que donnent ces deux entretiens ?

Avec la jeune fille, le chien est calme, il se couche à côté d'elle, se laisse examiner, vient lorsque nous l'appelons. Celle-ci nous explique qu'elle peut sortir le chien sans problème, qu'il n'attaque absolument aucun de ses congénères. Elle regrette de ne pas avoir assez de temps pour le prendre en charge et le sortir ; ses études l'accaparent. Cette jeune fille est confiante, elle connaît les bases des relations sociales canines, elle a déjà eu des chiens lorsqu'elle habitait chez ses parents. Ce chien lui a été offert par sa mère. Sa grand-mère a accepté de le prendre chez elle pendant ses trois années d'études, mais en la prévenant qu'elle n'aimait pas trop les chiens. À la fin de notre entretien, nous faisons entrer la grand-mère et sortir la petite-fille.

L'entrée dans la salle de consultation de Madame est suivie d'un rituel de fête de Titus qui tourne autour d'elle sans sauter. Il semble content de la voir, mais célèbre leurs retrouvailles en gémissant ; il paraît inquiet. Durant la consultation, le chien déambule sans arrêt, il ne se couche pas et montre des signes d'anxiété. Ce comportement tranche radicalement avec celui qu'il présentait en présence de la jeune fille.

Nous demandons à Madame si elle a déjà eu de mauvaises expériences avec des chiens. Elle nous répond qu'elle s'est fait mordre gravement par un berger allemand lorsqu'elle avait 18 ans. La morsure s'est produite au moment de la séparation de deux chiens qui étaient entrés en conflit. Elle nous avoue qu'à présent, elle a peur lorsqu'elle croise un autre chien avec Titus. Pendant tout le temps que dure cette conversation, Titus continue de déambuler calmement dans la pièce.

Nous faisons alors rentrer la petite-fille. Nous observons des manifestations de joie de la part du chien qui remue la queue, puis vient s'asseoir à ses pieds. Nous remarquons que la grand-mère a pris conscience de quelque chose. Elle vient en effet de comprendre que c'était peut-être elle qui faisait peur au chien lors de leurs sorties.

Et si sa petite-fille avait raison ? Et si Titus était gentil lorsqu'il croise d'autres chiens avec elle ?

Madame commence à envisager cette possibilité.

Nous reprenons notre entretien en impliquant autant la jeune fille que sa grand-mère. Elles finissent toutes les deux par comprendre que la peur de l'homme se transmet au chien. C'est elle qui conditionne la phobie de Titus aux autres chiens.

Est-il trop tard pour changer les choses ?

D'après notre entretien, Titus est un chien équilibré et nous décidons d'aller faire un tour à l'extérieur avec la jeune fille et le chien. Nous croisons ensemble d'autres chiens sans problème.

Nous décidons en conséquence de ne donner aucun traitement chimiothérapique et choisissons de prescrire l'utilisation d'une muselière lorsque le chien sort avec la grand-mère. Nous demandons également à celle-ci de penser à ses dernières vacances lorsqu'elle sort Titus et qu'elle croise un autre chien. Pour éviter la peur, il faut essayer de penser à quelque chose d'agréable afin que le chien le ressente !

Nos deux clientes sont d'accord sur le principe. Il faudra juste prévoir de conditionner le chien à la muselière pendant une semaine pour qu'il s'y habitue progressivement.

Les nouvelles que nous avons reçues un mois plus tard étaient excellentes : la grand-mère parvenait à sortir Titus sans qu'il manifeste d'agressivité envers ses congénères. Titus était devenu un chien comme les autres.

Que faire s'il se fait mordre ?

À 3 mois, une morsure laissera d'autant plus de traces chez votre chiot que vous aurez peur ce jour-là. Comme nous ne pouvons pas toujours contrôler nos émotions dans des situations de stress aigu, si cela vous arrive, allez vite chez votre vétérinaire et demandez-lui de prescrire à votre animal un anxiolytique qui traitera le traumatisme psychique afin d'éviter l'installation chez lui d'une phobie post-traumatique.

Les jours suivants, remettez votre animal en contact avec tous les types de chiens. Vous pouvez, par exemple, vous rendre dans un club d'agility, où les chiots sont en général bien socialisés. Et essayez de contrôler vos émotions négatives !

Max est un jeune jack russel, il grogne déjà lorsqu'un autre chien s'approche de lui et ses maîtres s'inquiètent. Nous leur conseillons d'essayer l'« immersion en meute », c'est-à-dire de laisser leur animal tout un après-midi chez un éducateur qui le sortira au bois avec ses autres chiens. En une journée, Max redevient un chiot gentil avec ses congénères. Il a été recadré par les autres membres du groupe et a très vite compris que la soumission était la seule voie possible pour se promener en compagnie de congénères adultes. L'éducateur n'ayant aucune crainte, le chien a très vite compris. Il faudra qu'il explique ce comportement à ses maîtres !

Comment réagir lorsque le chiot tremble ?

Si votre chiot a peur, devez-vous le caresser pour le rassurer ? Eh bien, non, surtout pas, parce que vous lui donneriez raison d'avoir peur ! Essayez, au contraire, de rester naturel et de faire autre chose, comme s'il n'y avait aucun problème. N'hésitez pas non plus à opter pour des attitudes caricaturales dans ce genre de situation – comme chanter fort ou extérioriser votre décontraction en théâtralisant vos émotions.

Nous l'expliquons souvent aux propriétaires : « Si vous demandez à un chien de se coucher, puis que vous le caressez, votre chien comprend qu'il a bien fait puisque vous le récompensez par une caresse : il se couchera donc chaque fois que vous le lui demanderez. De même, si votre chien tremble lorsqu'il entend l'orage et que vous le caressez parce qu'il tremble et qu'il entend l'orage, il va comprendre qu'il est un bon chien parce qu'il tremble lorsqu'il entend l'orage ! Le conditionnement à la peur de l'orage sera la résultante de l'association que votre chien a établie entre vos caresses et la peur ressentie au moment de l'orage. »

Notre chiot a peur des bruits, comment l'aider ?

Si votre chiot a déjà peur de certains bruits, il est urgent de l'habituer très progressivement à toutes sortes de bruits, soit en l'amenant vers ces bruits, soit en lui faisant écouter des CD de bruitage.

Si vous lui faites écouter des bruits, commencez, pendant que vous êtes en train de jouer avec lui, par des sons de faible intensité, puis augmentez progressivement le volume. Un chiot de moins de 3 mois s'habitue très vite à toutes sortes de bruits.

Ne tardez pas non plus à le sortir en ville même s'il n'a pas eu tous ses vaccins. Il faut absolument que votre chiot entende des bruits de pétards, de feu d'artifice ou d'orage le plus tôt possible.

Vous pouvez utiliser les CD de bruitage une ou deux fois par semaine.

Quelles consignes appliquer suivant l'âge de son chien ?

Un chiot de 2 mois ne réagit pas comme un chiot de 6 mois, qui ne réagit pas non plus comme un chien adulte... Il va donc falloir adapter les règles que vous mettrez en place suivant l'âge de votre animal et ne pas oublier, notamment, que, chez les chiens aussi, la puberté est une étape décisive !

Qu'est-ce qui change chez un chiot entre 2 et 6 mois ?

Pourquoi l'âge d'un chiot est important

Entre 2 et 6 mois, tous les mois comptent. Le comportement d'un chiot peut, en effet, évoluer de manière considérable durant cette courte période. C'est particulièrement vrai pour les questions de peur et de socialisation.

• *Entre 2 et 3 mois* : ainsi, un chiot de moins de 2 mois va aller spontanément vers les personnes qu'il rencontre : la phase dite d'« attraction » prédomine. En revanche, entre 2 et 3 mois, il pourra soit exprimer le même comportement, soit manifester de la crainte face à des inconnus – s'il n'en a pas eu l'habitude avant, par exemple lorsqu'il était dans son élevage : la phase dite d'aversion devient alors prédominante. Ce changement de comportement est compréhensible : la période de 2 ou 3 mois correspond en effet à la période d'imprégnation des angoisses ; une crainte peut alors facilement se transformer en peur et, plus tard, induire de l'agressivité.

• *Entre 3 et 6 mois* : à 3 mois, rien n'est encore impossible, et vous pourrez récupérer un petit retard de socialisation à condition d'établir un fort lien d'attachement avec votre animal. À 6 mois, en revanche, l'incertitude existe, même avec la plus grande expérience. Nous l'avons dit, l'attachement est indispensable à la socialisation de votre animal. C'est en étant auprès de vous que votre chiot peut explorer le monde qui l'entoure. S'il a entre 3 et 6 mois, sachez que plus il approche des 3 mois, plus sa socialisation est facile et que, plus il approche des 6 mois, plus la tâche devient rude !

Non, tout n'est pas joué avant 3 mois !

On dit souvent que, chez le chiot, tout se joue avant l'âge de 3 mois. Ce n'est pas faux, mais, fort heureusement, un chiot peut toujours, même après cet âge, s'appuyer sur des « tuteurs de résilience » pour prolonger et corriger son développement. Ce phénomène de résilience, largement documenté par les travaux de Boris Cyrulnik, a été proposé pour le chien après avoir été étudié chez l'homme. Avec de la patience et des connaissances en éthologie canine, il est donc toujours possible de faire de son chiot un chien « doux comme un agneau » ! D'autant que la période sensible se termine très progressivement entre 3 et 4 mois : durant cette période, on peut donc encore habituer un chiot à son futur milieu de vie.

• *À 6 mois* : l'âge de 6 mois correspond au début de la puberté pour la majorité des chiens – les races grandes ou géantes ont souvent une puberté plus tardive s'achevant entre 12 et 18 mois. La puberté constituant un enjeu supplémentaire en termes de changement sur le plan comportemental : nous vous recommandons d'éduquer votre chiot avant la puberté et surtout de demander conseil à un vétérinaire comportementaliste ou à un éducateur canin avant son passage à l'âge adulte pour appréhender ce cap important.

Le respect de la hiérarchie alimentaire

La place de la hiérarchie alimentaire est primordiale dans la réussite de l'éducation d'un chiot. Un chiot qui apprend à attendre son repas, parce que vous finissez le vôtre, apprend aussi que vous êtes son supérieur hiérarchique et, donc, le gestionnaire des privilèges. Il comprend qu'il doit vous obéir et qu'il peut vous faire confiance s'il a peur de quelque chose. Il ne faut pas oublier que la frustration alimentaire constitue la base de l'éducation d'un chiot.

Ces principes seront d'autant plus importants que votre chiot se rapproche de 6 mois, c'est-à-dire de la puberté. À cet âge, votre chiot aura besoin de connaître sa place dans la « famille meute » : est-il le dominant du groupe ? Ou bien est-il un dominé qui respecte le couple de dominants que constituent en général ses propriétaires ? Dans ce cas, il n'entrera pas en compétition avec eux et sera serein ; il prendra confiance auprès de ses maîtres, il les respectera et leur obéira, sans se demander si on attend quelque chose de lui. Rappelez-vous : un chien qui ne sait pas ce qu'il doit ou ne doit pas faire est dans une position ambiguë et cette ambiguïté peut être source d'anxiété pour lui.

Lorsque deux chiens ne sont pas en compétition, leur relation est harmonieuse, et ce sont les règles imposées par le dominant qui permettent de souder le groupe. Faites de même ! La mise en place de la hiérarchie alimentaire est en général la première clé permettant d'instaurer la sérénité dans votre maison. En voici les deux règles essentielles :

- *Votre chien mangera quand vous aurez terminé votre repas* : il s'écartera de la table pendant que vous mangez et, lorsque vous poserez sa gamelle sur le sol, vous ne la lui laisserez qu'une dizaine de minutes.

• *Vous ne lui montrerez pas que vous êtes intéressé par ce qu'il mange ni le regarderez manger* : s'il n'a pas fini sa gamelle, tant pis ! Votre chien est capable de lire dans vos pensées : si vous êtes inquiet lorsqu'il ne mange pas, il le saura ! Une fois sa gamelle sur le sol, faites donc autre chose pour qu'il ne capte pas votre émotion. Il est très facile de créer des troubles alimentaires chez un chien en le regardant manger et en le servant en premier !

Créez des rituels !

Exemples de rituels structurants
de la vie de tous les jours

Le rituel est une séquence comportementale associée à une fonction élémentaire (boire, manger) et qui acquiert progressivement une fonction de communication. Le rituel a une fonction de cohésion dans une famille « chien-humain » : il lève les ambiguïtés éventuelles et évite les agressions.

- Respecter le rituel alimentaire : la famille mange à table, le chiot vous regarde à distance et attend sagement ; dès que la table est débarrassée, un membre de la famille donne le repas au chiot. Ensuite, 10 à 15 minutes plus tard, un autre membre de la famille (ou le même) vient retirer la gamelle.
- Demander au chiot de s'asseoir avant de lui mettre la laisse.
- Brosser le chiot, par exemple au retour d'une promenade.
- Instaurer une séance d'obéissance avec distribution d'un biscuit en fin de séance.
- Faire des promenades quotidiennes en ville.
- Faire une promenade hebdomadaire à la campagne.
- Instaurer une séance de jeux toujours à la même heure.

Etc.

La tolérance au brossage

Chaque fois que vous prodiguez des soins à votre animal, vous renforcez vos liens d'attachement. À ce moment-là, vous, comme lui, sécrétez une hormone, l'ocytocine qui est l'hormone de l'attachement. Plus vous manipulerez votre animal, plus il deviendra tolérant au contact et moins il mordra plus tard.

Prenez l'habitude de brosser votre chien avant l'âge de 3 mois. Attardez-vous surtout sur les pattes, les oreilles, la queue et les parties inférieures du corps, qui peuvent devenir des zones difficiles à toucher si votre animal n'y a pas été habitué avant cet âge.

L'habituation aux sorties

Répétons-le une fois encore : plus l'âge des premières sorties en ville est proche de 3 mois et plus votre chiot s'adaptera facilement ; plus il s'approche des 6 mois et plus vous aurez du mal, même pour de courtes sorties.

Sauf résilience exceptionnelle de leur part, les chiots qui n'ont jamais connu la rue avant l'âge de 6 mois ont beaucoup de mal à s'y habituer. En général, ils sont terrorisés lorsqu'on les immerge en pleine ville, tirent pour rentrer à la maison et n'écoutent pas du tout leur maître : ils ont trop peur. Ces chiens risquent de présenter ce que l'on appelle un syndrome de privation. C'est l'un des troubles du comportement les plus graves, et qui peut être générateur d'agressivité.

Monza est un berger belge de 4 mois et demi. Ses propriétaires sont partis la chercher dans un élevage à la campagne. Lorsqu'ils sont arrivés dans l'élevage, Monza s'est collée

Mettez toutes les chances de votre côté !

- Si votre chiot présente des manifestations de peur dans la rue, c'est qu'il ne s'est jamais, ou très rarement, promené en ville. Dans ce cas-là, habituez-le très progressivement.
- Commencez par des endroits calmes et finissez par des rues plus bruyantes. Dans tous les cas, s'il a peur et qu'il tremble, ne le caressez pas, cela renforcerait sa peur. Essayez d'avoir un comportement très détendu, c'est très important, nous ne le dirons jamais assez.
- Vous pouvez aussi vous faire aider par des amis qui possèdent un chien adulte, non peureux, auprès duquel votre animal se sentira rassuré. Il n'y a pas de meilleur modèle qu'un chien adulte et équilibré.
- N'hésitez pas à consulter un vétérinaire si votre chiot ne progresse pas un peu tous les jours !

à eux et ne les a plus quittés. Cette chienne paraissait parfaitement équilibrée. Elle a compris immédiatement que c'était « sa nouvelle famille » qu'elle avait devant elle. Elle les a suivis sans laisse. Ses nouveaux maîtres étaient ravis de pouvoir la promener en liberté dans la campagne. Ensuite, bien sûr, il a fallu rentrer et réintégrer l'appartement situé en plein centre-ville.

C'est là que Monza a commencé à trembler, à ne plus vouloir avancer et à claquer des dents. Elle refuse désormais de sortir pour faire ses besoins dehors. La vie de ses propriétaires est devenue un enfer.

Que se passe-t-il ?

Monza est atteinte du syndrome de privation sensorielle, et ses peurs en ville ne disparaîtront jamais. Elles pourront être atténuées par une thérapie, mais la chienne aura toujours plus peur en ville qu'à la campagne. Une autre solution serait de la faire vivre définitivement à la campagne, mais ce n'est pas le mode de vie pour lequel ses maîtres ont opté. Habituellement, un chiot doit passer par l'étape « promenade en ville » vers l'âge de 2 mois et demi. Monza, elle, avait déjà 4 mois et demi…

La peur des gens et des autres chiens

Si, entre 3 et 6 mois, votre chiot a peur d'une personne, par exemple d'une personne en uniforme, il ne faut surtout pas tout faire pour lui éviter ce genre de rencontre. Demandez plutôt à la personne qui fait peur à votre animal de se mettre à genoux, de simuler un « appel au jeu » et de lui tendre une friandise !

Si votre chiot a peur d'un gros chien qui passe, ne tirez surtout pas sur la laisse : en vous comportant ainsi, vous lui signifiez qu'il existe un danger et qu'il a raison d'avoir peur. Faites comme s'il n'y avait rien de grave et détournez l'attention de votre animal vers une stimulation agréable pour lui. Vous pouvez, par exemple, lui demander de s'asseoir et lui donner une friandise quand le gros chien est passé.

Comment limiter les risques d'agressivité chez un chien adulte ?

Veiller à son bon équilibre émotionnel

Même s'il existe quelques consignes spécifiques à respecter concernant les risques d'agressivité, la majorité des adoptions avec des chiens adultes se passe bien, il est important de le dire.

Tous les types de familles, à l'exception des familles où il existe des enfants en bas âge, peuvent adopter un chien adulte. Ce n'est pas une question de race, mais d'équilibre émotionnel du chien. Il vaut mieux adopter un berger allemand docile qu'un pinscher nain qui présente une phobie des humains et qui mord par peur chaque fois que l'on s'approche de lui !

Rappelons qu'un chien bien équilibré est un chien bien socialisé, qui n'est ni peureux ni agressif avec les êtres humains ou avec ses congénères, qui est bien adapté à son environnement et reste détendu lorsqu'il est dans un environnement bruyant ou très fréquenté, qui n'est pas en perpétuel mouvement, mais qui s'assoit calmement aux pieds de son maître quand celui-ci le lui demande et qui reste dans cette position, sans tournoyer ou sauter sur les personnes ou les objets, en mordillant tout ce qui se trouve à sa portée.

Ces qualités constituent le minimum requis pour un chien adulte.

Renseignez-vous !

En général, les associations de protection animale connaissent bien leurs animaux, arrivés depuis longtemps dans la majorité des cas. Elles peuvent vous renseigner sur leur histoire : n'hésitez pas à le leur demander et à poser des questions ! Les nouveaux adoptants sont parfois pressés et oublient de s'informer !

Il est également possible d'adopter un chien adulte en passant par des professionnels comme les vétérinaires : ceux-ci sauront vous dire quel chien est susceptible de s'adapter le mieux à votre famille et à votre environnement.

Le faire examiner par un vétérinaire dès l'adoption, même s'il a déjà effectué sa visite obligatoire avant cession

La loi du 20 juin 2008 (voir « Que dit la loi française sur les "chiens dangereux" ? ») impose, en effet, avant toute cession, de faire systématiquement contrôler un chien à l'adoption par un vétérinaire qui rédigera ensuite un certificat de cession. Cela vous rassurera et vous permettra aussi d'éviter quelques mauvaises surprises !

Le vétérinaire vérifiera s'il voit bien, s'il entend bien ou s'il présente des problèmes de santé. Par exemple, un chien sourd de naissance peut ne pas être diagnostiqué les premières semaines et même les premiers mois. Il peut être qualifié de « chien désobéissant », de « chien peu intelligent », etc. Ses maîtres perdront patience, le chien deviendra anxieux et irritable ; il pourra même devenir agressif si, par exemple, il interprète mal un ordre.

De même, un chien qui présente un état douloureux comme de l'arthrose peut mordre parce qu'il a mal ; un chien qui présente une hypothyroïdie peut présenter des difficultés à gérer ses émotions, etc.

De même encore, un chien qui dort mal parce qu'il souffre d'une maladie – par exemple d'un problème de peau avec grattage incessant, y compris la nuit – présentera des troubles de la concentration dans la journée avec des phases d'irritabilité pouvant provoquer l'incompréhension de ses maîtres. À l'inverse, un chien qui dort bien parce qu'il est en bonne santé est un chien qui s'éduque bien !

Faciliter son intégration dans la famille

Un chien qui a été abandonné par sa première famille se trouve dans la même situation qu'un chien de meute qui aurait été chassé de son groupe. Pour réussir l'adoption de votre nouveau compagnon, prenez donc exemple sur ce qui se passerait dans la nature !

Trop souvent, un chien abandonné qui arrive dans une nouvelle famille se retrouve quasi immédiatement au centre de celle-ci parce qu'elle est attendrie, à juste titre, par ce qu'il a vécu. Or, agir ainsi, ce n'est pas respecter les règles de l'organisation hiérarchique chez les chiens. Les lois de la hiérarchie canine peuvent vous paraître dures et strictes, mais il faut les respecter. Les vétérinaires les connaissent bien, n'hésitez pas à demander conseil, ils sauront vous guider avant l'adoption !

• *Le respect de la hiérarchie canine* : lorsqu'un chien adulte est exclu par ses congénères, il essaie d'intégrer une autre meute. Dans un premier temps, tous les membres de cette nouvelle famille le maintiennent à la périphérie. Cette mise à l'écart permet à l'animal d'observer les rituels de chacun et de se construire des repères. Aucun nouvel arrivant n'accède directement au centre du groupe ; cela se fait petit à petit, après avoir suivi les règles imposées par chaque individu.

• *L'organisation des repas* : il faudra que le chien attende que toute la famille ait fini son repas pour obtenir le sien. Cette façon de procéder lui permettra de percevoir le message suivant : « Je suis dans une nouvelle meute, celle-ci accepte de me nourrir ; je dois obéir à ses ordres parce que les chefs mangent toujours en premier et, puisque la meute me dirige, elle me protège ; je peux donc me rassurer auprès d'elle ; je me trouve en sécurité ici. » Ce message peut paraître simpliste et réducteur, il est néanmoins essentiel pour que votre chien se sente accepté et protégé.

• *L'organisation de l'espace de vie* : il faudra que certains lieux de la maison soient interdits à votre chien et que son panier soit disposé dans un coin à partir duquel il ne peut pas contrôler les allées et venues de votre famille. Il comprendra ainsi que ce n'est pas à lui de surveiller le groupe et qu'il peut se reposer dans cette nouvelle maison. Il n'aboiera pas pour un rien et ne gémira pas à chaque mouvement des membres de la famille. Tant pis pour la garde, si c'est la fonction que vous avez dévolue à ce chien : elle ne débutera que quelques semaines après son intégration. En effet, un chien de garde est un chien qui doit protéger le groupe et donc se considérer comme le chef de groupe : si un individu s'aventure sur son terrain, il est le premier à aller à sa rencontre pour protéger les autres individus de sa meute. Or, nous l'avons dit, la place d'un chien récemment adopté ne doit pas être au centre du groupe les premiers jours ; il est nécessaire que cette fonction de garde lui soit attribuée plus tard pour que son insertion puisse se faire progressivement. Pour le dire autrement, un chien adopté ne peut devenir le chef sans avoir préparé sa candidature, l'avoir soumise aux autres membres de son groupe et l'avoir fait adopter par tous !

• La clarté de la communication. Un chien adopté à l'âge adulte va reporter l'attachement qu'il avait envers son ancien maître sur son nouveau propriétaire ou son nouveau groupe dans un délai très court, si celui-ci adopte un langage cohérent et lui témoigne de l'affection. N'oubliez pas qu'un chien sait percevoir les émotions et décoder les comportements des personnes qui s'occupent de lui ; son attachement en dépend !

Suivez le guide !

Combien d'adoptions auprès des sociétés de protection animale se soldent-elles par un retour au refuge ? Nous ne possédons pas les chiffres, mais nous savons, d'après les statistiques, qu'au moins trois quarts des abandons sont la conséquence d'un problème de comportement.

Les chiens dont les troubles du comportement entraînent des dégâts dans les appartements ou les maisons – destructions des canapés, de portes, d'objets divers – deviennent très vite des gouffres financiers pour leurs propriétaires qui décident souvent de s'en séparer pour cette raison. De même, les chiens qui urinent sur les lits et les canapés épuisent vite leurs maîtres qui se retrouvent dans l'impossibilité de faire face à cette surcharge de travail. Dans d'autres cas, ce sont les premières agressions ou les premiers grognements, surtout quand la famille comprend des enfants, qui poussent à abandonner un animal. Pourtant, si les hommes adaptaient leur façon de communiquer à ce qu'un chien est capable de comprendre, en suivant le mode d'emploi que nous vous proposons dans ce guide, il y aurait moins d'abandons pour troubles du comportement !

Qu'est-ce qui change avec la puberté ?

L'âge de la puberté chez le chien est variable. Bien souvent, les petites races ont une puberté plus précoce – autour de 6 mois – que les grandes races – autour de 8 mois et se poursuivent jusqu'à 12-18 mois. Dès que votre chien mâle lève la patte ou que votre chienne présente ses premières chaleurs, vous pouvez estimer que la puberté a débuté.

En dehors de ce signe très caractéristique, vous pourrez remarquer des tentatives de prérogative de dominance. Si la famille est composée de personnes de sexes différents, vous remarquerez qu'un chien à la puberté se rapproche généralement de l'être humain de sexe opposé. Lorsque le chien est élevé par une personne de sexe opposé, il est également possible qu'il essaie, à la puberté, de former un « couple » avec son maître.

Plus généralement avec les personnes de même sexe, il peut tenter d'effectuer des chevauchements hiérarchiques. Ces chevauchements qui ne sont pas d'ordre sexuel constituent la preuve que votre chien devient pubère et qu'il essaie de prendre la place du chef de meute. Ils sont à prendre au sérieux, car ils peuvent nourrir, plus tard, l'agressivité.

Voici maintenant nos réponses aux questions qui, en consultation, nous sont le plus souvent posées à propos de la puberté.

Il a l'air de vouloir que je reste avec lui pour qu'il mange : que dois-je faire ?

Un chiot prépubère ou pubère va vous solliciter afin que vous le regardiez manger, parce que, dans une meute de chiens, les dominés regardent manger les « chefs ». Si vous acceptez de le regarder manger, c'est que vous acceptez qu'il soit dominant par rapport à vous. Ne regardez donc jamais votre chien manger ! Et puis soyez vigilant s'il va chercher ses croquettes dans la cuisine pour les manger devant vous dans le salon. Reprenez-lui les croquettes comme si vous vouliez les lui voler et rapportez-les dans la cuisine.

Où faut-il le faire dormir ?

Cette question est essentielle parce que, à 6 mois, un chien ne doit plus dormir au même endroit que lorsqu'il en avait 2.

• *Choisissez un emplacement pour son panier qui soit à l'abri des regards* : par exemple, derrière un meuble ou dans un coin de votre habitation à partir duquel il ne pourra pas vous surveiller.

• *Veillez aussi à ce que son panier ou sa « niche » soit dans un lieu bien différent de votre aire de repos à vous* : en langage canin, nous dirions que votre lit, vos fauteuils et vos canapés sont vos « niches » et que leur accès doit être surveillé ! Vous ne devez pas accepter que votre chiot de 6 mois entre dans votre « niche » sans autorisation. Votre chien sait, parce que vous le lui avez appris, qu'il ne faut pas s'approprier des espaces que vous vous êtes réservés. S'il le fait, il sera mal à l'aise parce qu'il craindra votre colère à tout moment – son inquiétude le fera, par exemple, bâiller. En revanche, si c'est vous qui autorisez l'accès au canapé en l'invitant avant qu'il n'y soit monté ou après l'en avoir fait redescendre s'il s'y est installé sans votre approbation, il prendra place à côté de vous sans crainte.

Comme pour la hiérarchie alimentaire, vous devez veiller à respecter cette hiérarchie du territoire. Une fois que c'est le cas, il n'y a plus alors de bonne habitude à instaurer et de mauvaise habitude à bannir. Et votre chien, s'il y a été invité, peut même dormir sur votre lit pour peu que vous continuiez à en contrôler systématiquement l'accès.

Faut-il le caresser dès qu'il nous sollicite ?

C'est une autre question importante, car elle concerne la hiérarchie de contacts qu'exige tout chien dominant. Vous ne pouvez pas toujours accepter de caresser votre chien lorsqu'il s'approche de vous. S'il vous demande une caresse et que vous obéissez, il risque de changer de statut et d'essayer de vous dominer.

Cette initiative des contacts est essentielle, même s'il n'est pas aisé de la mettre en pratique. Repousser un chien qui vient vers nous pour se faire caresser va en effet à l'encontre de nos habitudes et de nos affects ! Et, pourtant, en acceptant d'obéir à ses demandes de contact, vous risquez de renforcer une agressivité naissante ou de lui laisser la possibilité de devenir agressif en vous soumettant à lui.

Certains propriétaires se plaignent de ne pas pouvoir brosser leur chien sans qu'il grogne. En respectant la hiérarchie des contacts, le brossage lui-même deviendra plus aisé parce que le chien aura l'habitude de se laisser manipuler lorsque c'est son maître qui en décide.

Retenez bien : vous devez toujours conserver l'initiative des contacts par rapport à votre chien !

S'il m'apporte sa balle pour jouer, est-ce le signe qu'il est heureux ?

Bien sûr, l'activité ludique constitue un signe de bonne santé mentale chez le chien ! Vous pouvez d'ailleurs profiter de ces moments de jeu pour apprendre à votre animal certains comportements qui limiteront son agressivité.

Par exemple, lorsque votre chien vous apporte sa balle pour jouer, dites-lui : « Attends », tournez les talons puis, dès qu'il a lâché sa balle, appelez-le et commencez à jouer avec lui. À travers cette séquence, vous reprenez l'initiative tout en lui faisant plaisir. Votre chien est rassuré parce que vous êtes bien le « chef » et, vous, vous avez décidé du moment où vous vouliez jouer. Ainsi, vous n'aurez pas de problèmes d'agressivité autour des jouets de votre chien, ce qui est primordial lorsque des enfants sont présents à la maison.

Est-ce que nous pouvons l'attraper par le collier lorsque nous sommes en colère contre lui ?

Si vous faites ce geste avec un chiot de moins de 3 mois, vous n'aurez aucun problème. Par contre, avec un chien de 6 mois, ce geste peut être mal interprété et votre animal pourrait mordre ou grogner. Vous devez également déconseiller à vos enfants de le faire.

Attraper un chien par le collier lorsqu'on est en colère contre lui, c'est l'approcher physiquement de soi dans un climat d'hostilité. En langage canin, un tel comportement est synonyme de compétition, voire d'agression, et peut donc provoquer des conflits. Lorsque vous tirez le chien vers vous alors que vous êtes en colère, celui-ci peut prendre peur ou interpréter votre comportement comme une menace et, comme il n'a pas la possibilité de fuir, il peut vous mordre pour se dégager. Dans la nature, lorsqu'un chien dominant agresse un chien dominé, ce dernier s'éloigne plutôt qu'il ne se rapproche de son agresseur.

Est-ce qu'il faut le mettre sur le dos et le forcer à y rester pour le dominer ?

Non, ce n'est pas de cette façon que vous arriverez à dominer votre chiot, car vous n'êtes pas un chien ! Vous risquez, en revanche, de vous faire mordre ! Mieux vaut laisser faire une chienne adulte qui saura parfaitement plaquer votre animal au sol. Retenez bien qu'il ne faut jamais obliger un chien à se mettre sur le dos passé l'âge de 3 mois.

Ce n'est pas en forçant physiquement un chien à se mettre sur le dos, surtout s'il est déjà agressif, que l'on récupère la dominance. Pour obtenir ou conserver celle-ci, vous devez travailler en amont, en privilégiant les règles concernant la distribution des repas, la gestion de l'espace et l'initiative des contacts.

Les apprentissages de base, comme le « assis », « attends », « pas bouger », contribuent également à renforcer l'acquisition des autocontrôles chez un chien et l'obéissance au maître. Le fait de vous rendre dans un club canin pour parfaire leur apprentissage peut être très utile.

Jusqu'à l'âge de 3 mois

Mettre régulièrement un chiot sur le dos n'a pas pour but de le dominer *stricto sensu*. En revanche, cela contribue, à condition de le faire jusqu'à l'âge 3 mois maximum, à réguler ses comportements, en l'obligeant à apprendre à s'arrêter et, donc, à se contrôler.

Pour cela, retournez votre chiot avec douceur, mais fermeté, mettez-le sur le dos et maintenez-le dans cette position jusqu'à ce qu'il n'oppose plus aucune résistance, puis relâchez-le. Neuf fois sur dix, si la manipulation est correctement exécutée, le chiot comprend et reste allongé immobile sur le dos durant quelques secondes. Lorsqu'il bouge de nouveau, vous pouvez le bloquer doucement encore un court instant, puis lever la pression. Il restera alors immobile quelques instants de plus, puis finira par se redresser.

Cet exercice peut être répété plusieurs fois par jour. Vous pouvez le réaliser systématiquement juste après avoir sanctionné les mordillements. Vous pouvez également le faire à d'autres moments de la journée, indépendamment de la sanction des mordillements.

Être dominant avec un chien ne signifie pas se montrer sévère ou brutal. Il existe une confusion générale autour du terme « dominant », qui est utilisé à outrance dans l'éducation des chiens. Dominer, ce n'est pas faire preuve d'une autorité à sens unique, quel qu'en soit le prix ; c'est avant tout éduquer son chien avec une autorité « naturelle », basée sur des règles, mais aussi avec douceur et complicité pour aboutir à une relation constructive dans un attachement réciproque.

Il a l'air de protéger les enfants, est-ce que c'est bon ou mauvais signe ?

Un chiot de 6 mois qui est déjà très protecteur avec les enfants est à surveiller de près, car ce n'est pas son rôle. La protection doit venir du couple de dominants, c'est-à-dire des propriétaires adultes.

Un chiot ne doit pas se substituer aux propriétaires pour la protection des enfants. Ce signe peut être l'indice d'une hiérarchie mal installée à la maison et conduire à des accidents par morsure, soit contre les maîtres, soit contre les enfants. Alors restez vigilant !

Récapitulatif des étapes importantes dans l'éducation d'un chiot

Notez bien : durant toutes ces étapes, votre chiot ne doit pas présenter de grognements ou provoquer de morsures.

JOUR DE L'ADOPTION

- Réussir le premier voyage en voiture.
- Éviter la détresse de la première nuit.
- Créer l'attachement nécessaire (= présence physique obligatoire).

DE 2 À 3 MOIS

- Contrôle des mordillements.
- Attachement nécessaire et de bonne qualité.
- Pas de punition, juste le renvoi au panier si nécessaire.
- Pas de friandise à table !
- Sorties en ville dès le premier vaccin, ne pas attendre le rappel.
- Socialisation aux autres espèces dont les humains (en particulier enfants en bas âge).

DE 3 À 6 MOIS

- Mise en place de la hiérarchie alimentaire (vous mangez d'abord) !
- Mordillements et jeux de tiraillements interdits.
- Pas de rituels de départ et d'arrivée lors des sorties du maître.
- Multiplication des contacts sociaux (chiens, humains, enfants, hommes en uniforme, bruits, etc.).
- Acquisition de la propreté.
- Début des apprentissages de base (marche en laisse, rappel, ordres simples).
- Fréquentation des clubs canins conseillée.

APRÈS 6 MOIS

- Respect de la hiérarchie alimentaire.
- Respect de la hiérarchie des contacts.
- Respect de la hiérarchie du territoire.
- Détachement nécessaire (naturel à cet âge-là).
- Propreté acquise.
- Marche en laisse acquise.
- Apprentissages des ordres simples acquis.

Rappel en cours d'acquisition.

L'agressivité du chien en questions

Personne n'est à l'abri d'une inquiétude ou d'une interrogation. Même si vous suivez la méthode d'éducation que nous développons dans ce guide, il peut toujours se produire un événement qui vous inquiète ou vous alarme. Votre chien est un être vivant et, en tant que tel, son comportement peut changer à certains moments ou durant certaines périodes. Les réponses qui suivent sont là pour vous expliquer ces changements éventuels de comportement. Et n'oubliez pas : il faut toujours consulter un vétérinaire quand un chien devient agressif !

1. Comment se déroulent les séquences agressives chez un chien ?

L'agressivité représente un état réactionnel dans lequel le chien produit un grand nombre d'agressions, encore appelées séquences agressives. Le but de ces séquences est de menacer clairement un autre individu ou d'attenter à son intégrité physique.

Ces séquences se décomposent en différentes phases :

• *Une phase de menace* : par exemple, le chien grogne ou se raidit selon les circonstances.

• *Une phase de morsure* : si la menace ne suffit pas à faire reculer l'adversaire.

• *Une phase d'apaisement* : qui permet le retour à l'équilibre en marquant la fin de la séquence – par exemple, l'adversaire fuit ou le mordeur lèche la zone mordue.

Le contexte d'apparition des agressions permet de classer celles-ci en différents types.

2. Quels sont les différents types d'agressions chez un chien ?

Différents contextes déclencheurs d'agressions ont pu être identifiés chez le chien :

– la chasse, lorsque l'animal n'est pas socialisé à l'espèce, c'est-à-dire lorsqu'il n'a pas connu cette espèce « amie » alors qu'il avait moins de 4 mois ;
– la peur, notamment lorsque la fuite est impossible ;
– la protection du territoire ou des petits ;
– le conflit lors de compétition pour l'accès à des « ressources » significatives pour le chien : nourriture ; gestion de l'espace (place particulière dans la voiture, canapé, lit du propriétaire) ; contacts avec un membre du groupe ; expression de la sexualité.

Les différents types d'agressions chez le chien

Agressions de prédation	Le chien étant un prédateur, lorsqu'il chasse et tue des proies, il manifeste un comportement d'agression de prédation. Cette agression aboutit à la mise à mort de la proie. C'est une forme d'agression dangereuse et incurable lorsque l'être humain en est la cible.
Agressions hiérarchiques	Le chien déclenche des agressions hiérarchiques dans des situations de compétition hiérarchique : – accès à la nourriture ; – maîtrise de l'espace ; – gestion des contacts ; – expression de la sexualité. Le but de ces agressions est de permettre au chien de gérer et de réguler les rapports sociaux au sein du groupe.

Agressions par irritation	La douleur, les privations, les frustrations ainsi que le maintien d'un contact physique après des demandes de rupture de contact – lorsque le chien se soumet, soit en s'aplatissant, soit en se mettant sur le dos, ou bien lorsqu'il détourne la tête – peuvent entraîner chez le chien des agressions par irritation. Cette forme d'agression est fréquente lors de soins. Elle apparaît quand le seuil de tolérance du chien est dépassé.
Agressions territoriales, agressions maternelles	Le chien peut agresser un sujet qui s'introduit dans son champ d'isolement ou dans le territoire de la meute. Il s'agit d'une agression de protection.
Agressions par peur	Lorsque le chien se trouve dans une situation bloquée où la fuite est impossible et s'il a peur, il peut produire une agression par peur. L'attaque est immédiate et incontrôlée.

Roy est un yorkshire de 5 ans qui devient fortement agressif dès qu'il se trouve dans son lieu de couchage situé dans la cuisine. Le contexte est l'attente du repas. Le non-respect d'une distance de sécurité induit immédiatement, avec ou sans grognement, une attaque de sa part. La situation est devenue invivable pour sa propriétaire qui parle dans ces moments-là d'un « regard de fou ». Que dire de cette séquence agressive ? Que nous apprend-elle ?

À ce moment précis, Roy est fortement perturbé et anxieux, probablement frustré par l'attente du repas qu'il a progressivement eu l'habitude d'obtenir en grognant. Il n'est plus capable d'estimer la cohérence des signaux émis par sa maîtresse, même quand celle-ci lui ordonne de s'asseoir avec un ton ferme et calme. Le chien, fortement irrité, a sa pupille qui se dilate, ce qui modifie son regard. En retour, cela fait peur à sa maîtresse, qui adopte alors probablement une posture soumise, ce qui aggrave la situation.

Cette séquence correspond à une agression par irritation – elle est déclenchée par une frustration de l'animal – dans un contexte de compétition pour l'accès à une ressource alimentaire.

Existe-t-il d'autres situations déclenchant un comportement semblable ? Dans le cas de Roy, d'autres situations dans lesquelles son seuil de tolérance est dépassé déclenchent des réactions similaires – notamment, les séances de toilettage. L'état anxieux de ce chien lié à des troubles de la communication – cette maîtresse et son chien ne se comprennent plus ! – ne fait qu'aggraver le processus, car le seuil est d'autant plus vite dépassé.

Comment y remédier ?

Il est urgent de restaurer une communication apaisante entre ce chien et sa maîtresse. Cela ne pourra pas se faire sans l'aide d'un médicament qui permette de contrôler l'état anxieux de Roy ainsi que son impulsivité fortement corrélée à cette anxiété.

3. Faut-il se méfier des chiens qui grognent ?

Les grognements sont des signaux de menace. Ils sont nécessaires pour prévenir autrui d'un risque de conflit. On considère donc pour cette raison qu'un chien qui ne grogne pas avant de mordre est un chien dangereux. Il n'y a qu'une exception à cette règle : les cas des agressions par peur (voir aussi, *supra*, « Quels sont les différents types d'agressions chez un chien ? »), c'est-à-dire des attaques immédiates et incontrôlées qui ont lieu quand un animal est effrayé et que la fuite est impossible, parce qu'il est bloqué dans un coin, par exemple. En effet, lorsqu'un chien est en situation fermée, il peut mordre parce qu'il a peur et qu'il n'a pas la possibilité de fuir. Ce type de morsure n'est jamais précédé de grognement. Ce chien n'est pas pour autant dangereux dans la vie courante.

La visite chez le vétérinaire est un exemple typique de situation pouvant induire une agression par peur, notamment si le chien a la phobie des vétérinaires. Ce type d'agression peut également se produire lorsque l'animal est tenu en laisse courte, sous une chaise ou une table, enchaîné ou enfermé dans une caisse de transport. En général, l'agression par peur est l'expression d'un instinct de survie.

Les agressions qui font l'objet de consultations pour morsure sont souvent des agressions par irritation. Chez le vétérinaire, elles constituent également un type d'agression fréquent lorsque le chien se trouve sur la table d'examen. Dans ce cas, le chien est soumis à une contrainte ou un contact non désiré, voire éprouve une douleur particulière. Ce contexte favorise d'autant plus l'émergence d'agressions par irritation que l'animal a peur. La probabilité d'apparition de ce type de comportement, qui peut également se manifester lors du toilettage de l'animal par son propriétaire, sera également augmentée en cas de trouble hiérarchique, de frustration ou de privation – par exemple, alimentaire.

Il faut savoir qu'une agression par irritation peut « s'instrumentaliser » très vite, plus vite que n'importe quel autre type d'agression (voir aussi *supra*, « Quels sont les différents types d'agressions chez un chien ? »). L'instrumentalisation d'une morsure est une simplification et une rigidification de la séquence d'agression, la réduisant à la phase de morsure (voir aussi *supra*, « Comment se déroulent les séquences agressives chez un chien ? »). Cet objectif est parfois recherché en dressage, mais nullement pour un chien de famille.

Quand il y a instrumentalisation, le grognement qui précède habituellement la morsure disparaît progressivement et le chien peut finir par mordre « sans prévenir ». Comme la disparition de la phase de menace est généralement précédée par la disparition de la phase d'apaisement, la séquence d'agression se trouve réduite au seul comportement de morsure. On observe également une augmentation de l'intensité de l'agression.

Ces morsures directes et impulsives surviennent d'autant plus rapidement que le chien remporte des victoires. Des propriétaires qui prennent peur devant le comportement de leur chien et qui apprennent à reculer dès les premiers grognements font aussi comprendre à leur animal que c'est lui qui a le « dernier mot », et celui-ci le comprend très vite !

☞ **À retenir**

• Un chien qui se retrouve bloqué et qui n'a pas la possibilité de fuir peut mordre par peur sans grogner.

• En dehors des cas d'agression par peur, les grognements permettent de prévoir l'agression. Cependant, si les grognements sont fréquents, il vaut mieux en parler à votre vétérinaire traitant.

• Si votre chien a toujours grogné avant de mordre et qu'il se met de plus en plus à mordre sans avoir au préalable grogné, il faut consulter rapidement. Le cas échéant, votre vétérinaire vous orientera vers un vétérinaire comportementaliste pour une prise en charge globale associant thérapie comportementale et thérapie médicamenteuse, après diagnostic du trouble en cause.

Notez bien : avec les grognements, la phase de menace est en général accompagnée de signaux posturaux – raidissement du corps, oreilles couchées, détournement du regard, etc. Toutefois, même si ce n'est pas la majorité des cas, elle peut être uniquement caractérisée par des signaux posturaux sans grognement.

4. Comment analyser l'agressivité chez un chien ?

L'analyse comportementale d'un chien agressif consiste non seulement à s'interroger sur l'état émotionnel de l'animal, mais également à étudier dans le détail les agressions, en particulier le type d'agression, le nombre d'agressions, l'intégrité de la séquence d'agression et le niveau de contrôle.

➤ *Le type d'agression*

Il faut toujours analyser le contexte déclencheur de l'agression (voir *supra*), mais quel danger et quel risque lui attribuer ? Que penser de l'agression par irritation, produite par le dépassement du seuil de tolérance de l'animal, par rapport à l'agression de prédation qui est une séquence de chasse déclenchée par la vue d'une « proie », la proie étant une espèce non connue pendant la période de socialisation.

• *L'agression par irritation* est sans doute l'agression la plus courante, car elle peut se produire dans un grand nombre de situations. La douleur (par exemple en cas d'arthrose chez un vieux chien ou en cas d'otite), la frustration, la privation d'eau ou de nourriture, toute manipulation dans un contexte de crainte (visite chez le vétérinaire) ou encore toutes contraintes physiques (maintien de l'animal pour le toilettage, le brossage ou pour des caresses) sont susceptibles de déclencher ce type d'agression. Tous les chiens en produisant ne sont pas pour autant des monstres. Rappelons que les séquences agressives appartiennent au registre comportemental normal de l'animal.

• *L'agression de prédation* est beaucoup plus rare. Il s'agit d'une séquence de chasse conduisant à la mise à mort de la proie. Le risque est majeur si un tel animal est introduit dans une famille. La prévention de ce type d'agression est la socialisation précoce de l'animal à l'humain.

Selon le type d'agression observé, le danger présenté n'est pas le même. C'est au vétérinaire qu'incombe l'analyse comportementale, le diagnostic de l'affection comportementale en cause, qu'elle soit associée ou non à une affection organique, et, donc, l'évaluation du danger présenté par le chien agressif et le risque pour son propriétaire.

➤ *Le nombre des agressions*

Le chien agresse-t-il quotidiennement ou une fois de temps en temps ?

➤ *L'intégrité de la séquence d'agression*

La phase de menace précède-t-elle toujours l'agression ? En effet, le danger ne sera pas le même si le chien grogne avant de mordre ou s'il mord d'emblée sans prévenir. Un animal représente un danger plus important dès lors qu'il cesse de grogner ou de menacer de quelque autre manière que ce soit avant de mordre – en retroussant ses babines ou en raidissant son corps. C'est ce qu'on nomme le processus d'instrumentalisation. Le souci est que les agressions par irritation s'instrumentalisent très vite. Lorsque le cas se produit, il est important de déterminer depuis combien de temps le chien ne prévient plus avant de mordre.

➤ *Le niveau de contrôle du chien*

Pour un type d'agression déterminé, un chien peut présenter une impulsivité plus ou moins grande avec des capacités de contrôle différentes d'un individu à l'autre. Ce paramètre intervient dans l'analyse de la dangerosité. Notons que le degré de gravité infligé par les morsures ne sera pas équivalent selon le format du chien ou la plus ou moins grande vulnérabilité de l'entourage – présence d'enfants ou de personnes âgées, par exemple.

Rappelons, une fois encore, que l'agressivité constitue le mode d'expression d'un état émotionnel. Il peut arriver que des animaux n'expriment jamais d'agressivité, mais développent des activités de substitution comme le léchage ou la boulimie. Certains chiens peureux développeront de l'agressivité, d'autres présenteront de la fuite et de l'évitement, voire de l'inhibition. De même, certaines personnes ne manifestent jamais d'agressivité, mais se rongent les ongles ou se renferment sur elles-mêmes.

5. Mon enfant a peur de mon chiot, que dois-je faire ?

Un chiot qui commence à mordiller un enfant peut faire naître chez celui-ci une crainte, voire une peur, tenace.

Répétons-le : il ne faut jamais laisser un enfant en bas âge seul avec un chiot, car ce sont tous deux des individus immatures qui ne maîtrisent pas encore leurs comportements, notamment moteurs.

Il est également souhaitable d'expliquer les choses de façon simple à l'enfant. Il comprendra si vous lui dites que, comme lui, le chiot est encore un « enfant » et qu'il a besoin d'un adulte près de lui pour le guider. Sa « maman » chien n'étant plus là, c'est sa maman à lui qui la remplace dans cette fonction. Comme il est petit, il doit encore apprendre à se calmer quand on le lui demande et cesser de mordiller les gens. S'il le fait malgré tout, dites à votre enfant qu'il ne doit pas avoir peur, mais vous appeler – pour le stopper. En vous observant faire, votre enfant comprendra progressivement et sa peur s'amenuisera.

En revanche, ne dites surtout pas à votre enfant que c'est lui le maître du chiot ; suggérez-lui plutôt qu'il pourra plus tard devenir le maître du chien adulte s'il apprend auprès de vous à l'éduquer.

6. Comment l'agressivité d'un chien peut-elle être liée à un défaut de communication ?

Très souvent, les agressions chien/humain résultent d'un défaut de communication, soit que le chien interprète mal les signaux envoyés par les humains, soit que les humains interprètent mal les signaux envoyés par le chien. Les risques d'agression sont toujours beaucoup plus élevés lorsque les règles de la communication ne sont pas établies ou pas respectées.

Restaurer une communication défaillante, souvent grâce à l'aide d'un professionnel, permet en général, de réduire le danger. Parfois, les règles n'ont simplement pas pu s'établir, car le chien présente un déficit sensoriel – poils longs tombant devant les yeux et diminuant la vision, surdité, etc. – ou des difficultés à communiquer liées à des conditions de développement défectueuses.

Il est également important de connaître et de savoir évaluer les différentes attitudes de l'animal en les replaçant dans leur contexte – signaux de menace et signaux d'apaisement notamment.

Cette clé de voûte qu'est la clarté de la communication pour la bonne intégration d'un chien peut se résumer en trois lettres : GAR .

- *G comme groupe* : il faut entretenir l'intérêt du chien en lui faisant partager les activités du groupe, car le chien constitue un membre à part entière de la famille.
- *A comme attachement au groupe* : il faut développer des relations de qualité avec le chien en privilégiant des rapports positifs basés sur la récompense plutôt que sur la punition. La qualité de l'attachement se cultive dès la « petite enfance » d'un animal. Elle est le fondement de l'équilibre émotionnel du chiot et continue de participer à l'équilibre du chien toute sa vie durant. On parle alors d'attachement sécure. En cas de dysharmonie dans la communication, on parle, en revanche, d'attachement anxieux.
- *R comme repères dans le groupe* : il faut créer une relation structurée qui commence dès les premières semaines de vie d'un chiot et qui évoluera ensuite avec l'âge. Dans un premier temps, il faut favoriser l'attachement de l'animal envers un membre précis de la famille : celui-ci jouera le même rôle que sa mère et l'apaisera ; au besoin, on peut imprégner le lieu de couchage du chiot de son odeur. Après la puberté, il sera nécessaire d'élargir cet attachement à l'ensemble de la famille, en instaurant des contacts sur l'initiative des différents membres, ce qui implique de repousser les avances du chien lui-même, pour privilégier un comportement soumis. Une position claire du chien dans le groupe, de préférence au niveau le plus subalterne possible pour éviter les conflits, est garante d'une bonne intégration dans le groupe. Au contraire, une position ambivalente est génératrice d'anxiété.

> ☞ **À retenir**
> Une communication claire peut se résumer en trois lettres :
> • G comme groupe : entretenir l'intérêt du chien en lui faisant partager les activités du groupe familial.
> • A comme attachement : développer des relations de qualité avec le chien.
> • R comme repères : créer une relation structurée dès la petite enfance et qui intègre, à la puberté, les différents membres du groupe familial.

Fonzie est un bichon de 5 ans qui dort dans le lit de sa maîtresse et l'agresse systématiquement au moment du coucher. Celle-ci, pour franchir le pas de sa chambre à coucher, est obligée de s'emmitoufler dans une couverture. Lorsqu'elle parvient enfin à atteindre son lit, elle doit se barricader avec ses polochons et ses oreillers pour ne pas se faire mordre.

Depuis son plus jeune âge, Fonzie a été habitué à être chouchouté comme un bébé, alors que ce n'est pas un humain, et encore moins un bébé : c'est un chien adulte !

Bien évidemment, tous les chiens qui dorment sur le lit de leur(s) maître(s) ne les agressent pas systématiquement. D'ailleurs, la plupart d'entre eux ne les agresseront probablement jamais. C'est le cas lorsque la relation n'est ni ambiguë ni pathologique.

Dans le cas de Fonzie, pourquoi existe-t-il de l'agressivité ?

Plusieurs éléments sont en faveur d'un déficit de communication lié à une perturbation des repères :

• Madame est de sexe féminin, avec des difficultés pour s'affirmer en face de Fonzie qui est de sexe masculin. Au lieu de lui donner des ordres fermes et clairs, elle a toujours privilégié le discours.

• Madame n'a jamais éduqué Fonzie en lui inculquant des limites, elle l'a toujours laissé se comporter à sa guise en lui faisant comprendre qu'il avait le contrôle des opérations. C'est ainsi qu'il a pris l'habitude de dormir sur son lit. Quand on lui en refuse subitement l'accès, par exemple pour faire le ménage, il ne comprend pas.

• Pour apaiser les menaces de Fonzie, Madame le caresse, au lieu de le réprimander, tout en lui parlant. Ce qui est considéré comme une tentative d'apaisement par la propriétaire est interprété par le chien comme un encouragement.

• Bien que Fonzie agresse sa maîtresse jusqu'à la morsure, il continue d'avoir la permission de dormir sur son lit. Madame se met à crier lorsque son chien l'agresse, mais il n'est pas puni ni envoyé au panier ; d'ailleurs, il n'a pas de panier.

• Le temps passant, Madame entre désormais dans sa propre chambre en émettant des signaux de peur. Pour son chien, c'est une posture de soumission. Elle prend la précaution de se protéger derrière une couverture, lui indiquant, par là, qu'il y a un conflit à venir.

• Comme Madame n'arrive pas à punir Fonzie sur le moment, elle le fait après coup, quand son chien ne peut plus faire la corrélation avec l'événement déclencheur, qu'il n'est plus agressif et ne produit plus aucune nuisance. Cela est aberrant et fortement anxiogène pour le chien.

La consultation de comportement a permis de mettre en évidence plusieurs autres éléments associés à une communication ambivalente. Le fait est que la situation continue d'être globalement très anxiogène pour le chien ainsi que pour Madame. Les attitudes et les comportements de Madame, par méconnaissance du fonctionnement d'un chien, ne font que renforcer l'agressivité de Fonzie.

Une des solutions consiste à ne plus laisser l'accès de la chambre à Fonzie et de lui installer un panier dans la cuisine. Madame doit également apprendre comment envoyer son chien au panier. Il est possible que le chien n'accepte pas d'y rester le premier soir, mais elle doit être ferme et instituer, dans le même temps, d'autres repères permettant à Fonzie de comprendre quel est son statut et, notamment, qu'on ne lui demande pas de gérer quoi que ce soit. Bien entendu, avec un tel niveau d'impulsivité et d'anxiété, un traitement médicamenteux facilitant la thérapie comportementale a également été prescrit.

7. L'anxiété peut-elle rendre un chien agressif ?

Oui, l'anxiété peut rendre un chien agressif. Il est donc fortement conseillé d'en faire réaliser le diagnostic par votre vétérinaire.

Le traitement de l'anxiété n'est pas toujours médicamenteux : les conseils d'un vétérinaire ou d'un éducateur canin peuvent dans certains cas suffire.

Il ne faut pas condamner un chien parce qu'il a mordu, mais comprendre pourquoi il a mordu. Une évaluation comportementale réalisée par un spécialiste permet d'établir un pronostic et d'orienter vers une prise en charge.

Néanmoins, certaines postures répétées doivent alerter le propriétaire et l'inciter à consulter avant qu'un accident ne se produise. Reconnaître un chien inquiet, c'est en effet prévenir le risque de morsure.

8. Que faire en cas de morsure ?

Une dame téléphone à la clinique affolée par la situation qu'elle vient de vivre : « Allô ? Bonjour, je vous appelle, car mon chien Atchi, un shih-tzu de 1 an, vient de mordre mon fils de 8 ans au visage. Je crois que je n'ai jamais voulu voir que mon chien était agressif, mais ce n'est pas la première fois que cela se produit. Il y a vraiment un souci avec ce

Les postures d'inquiétude chez un chien

Voici les signaux visuels que l'on repère le plus fréquemment chez un chien inquiet :

- *Le bâillement* : un chien qui bâille n'est pas toujours un chien qui a sommeil ; les situations ou les interactions qui sont sources d'inquiétude peuvent aussi souvent le faire bâiller.
- *Le léchage* : un chien qui sort sa langue, souvent plusieurs fois de suite, peut être un chien inquiet.
- *Le clignement des yeux* : un chien cligne parfois des yeux lorsqu'il est dans une situation inconfortable.
- *Le port de la tête sur le côté* : un chien qui a peur peut détourner la tête pour éviter votre regard. Attention, toutefois, cette posture est aussi un signal d'apaisement.
- *Le port des oreilles en arrière.*
- *La pilo-érection* : un chien qui a peur hérisse le poil sur son dos.
- *La soumission sur le dos* : lorsqu'un chien a peur il peut adopter une posture de soumission pour que l'on rompe le contact. Il est préférable d'arrêter toute interaction si vous ne le connaissez pas.
- *La posture de retrait avec la patte avant relevée.*
- *Les babines retroussées.*

Attention : un chien inquiet ou peureux est un chien qui peut mordre : mieux vaut donc éviter de forcer le contact avec un chien qui envoie ce type de signaux. Il est primordial également de surveiller les jeunes enfants et de les éloigner du chien inquiet : ceux-ci ne sont pas, en effet, capables de décrypter correctement ces postures.

chien, cela ne peut plus durer, je crois qu'il n'y a qu'une seule solution même si elle me rend malade. J'aime mon chien, mais je ne peux pas mettre la vie de mon enfant en péril. Il faudrait euthanasier mon chien. »

Un flot d'informations vient d'être fourni par la maîtresse d'Atchi avant que ne soit lâché le mot ultime, censé apporter l'unique solution ferme et définitive au problème : l'euthanasie de l'animal.

Le vétérinaire confronté à cet instant précis à plusieurs enjeux doit pouvoir expliquer à la dame que les choses ne sont pas aussi simples qu'elles n'y paraissent.

• *En premier lieu* : il ne nous viendrait pas à l'esprit de demander le châtiment capital de toutes les personnes hyper-agressives. Bien qu'il ne s'agisse pas d'un humain dans le cas d'Atchi, la médecine comportementale vétérinaire a suffisamment progressé depuis une trentaine d'années pour proposer des solutions autres que l'euthanasie lorsque cela est possible. Il s'agit même d'un credo chez les vétérinaires comportementalistes, ce qui ne les empêche pas, dans certains cas, de décider de l'euthanasie.

• *En deuxième lieu* : proposer des solutions signifie analyser préalablement et de manière éclairée le cas de l'animal et, donc, évaluer le chien. Cela ne se réalise pas par téléphone même si c'est le souhait des gens. De même, une personne qui présente une agressivité plus ou moins importante peut être conduite à consulter pour savoir si cela est normal ou pathologique et éventuellement être prise en charge par le corps médical si c'est nécessaire.

• *En troisième lieu* : évaluer un chien constitue désormais une obligation légale en cas de morsure. Lorsque l'accident a lieu dans le cercle familial restreint et qu'il s'agit d'un accident sans caractère de gravité, la morsure n'est, malheureusement, le plus souvent pas évoquée par le propriétaire de l'animal qui ne relève pas le caractère alertant du problème ou se refuse à le voir – comme dans le cas d'Atchi. La situation se dégrade alors souvent rapidement par instrumentalisation : le chien finit par ne plus prévenir par des grognements avant de mordre. Et puis, un jour, l'accident grave arrive, suivi du coup de fil d'urgence au vétérinaire pour solliciter l'euthanasie de l'animal.

Dans le cas d'Atchi, pourquoi le maître ne s'est-il pas inquiété plus tôt ? Par aveuglement, probablement. Pourtant, le temps qui s'écoule entre les prémices d'agression – les premiers grognements des premiers conflits – et l'accident avéré – le chien mord plus ou moins violemment sans prévenir – est souvent un facteur aggravant pour la victime comme pour les chances laissées à l'animal.

L'ensemble de cette procédure – mise sous surveillance sanitaire « chien mordeur » et évaluation comportementale, obligatoire suite à la morsure, durant cette mise sous surveillance – paraît certes fastidieux, mais il peut être évité la plupart du temps si le propriétaire alerte son vétérinaire lorsqu'il constate les premiers grognements ou comportements suspects de son animal. Le vétérinaire traitant, s'il est compétent en ce domaine, réalisera alors une consultation comportementale grâce à laquelle il mettra en place une thérapie contre l'agressivité de ce chien. S'il estime ne pas en être capable, il pourra aussi adresser l'animal à un confrère spécialisé en comportement.

9. Qu'est-ce qu'un chien « dangereux » ?

On peut dire qu'il y a danger en présence d'un chien lorsque, dans une situation donnée, celui-ci produit un comportement qui menace physiquement un autre être vivant, que ce soit un être humain, enfant ou adulte, un congénère ou un autre animal, quelle que soit l'espèce à laquelle il appartient. Dans ce cas, le chien, parce qu'il perçoit pour lui-même une menace, produit dans un but défensif, un comportement

Aller chez le vétérinaire constitue une obligation

L'évaluation de l'animal par un vétérinaire est aujourd'hui obligatoire en cas de morsure ; elle intervient à deux titres :

- *Sur le plan sanitaire* : il est impératif de s'assurer que la salive du chien ne contenait pas le virus de la rage au moment où celui-ci a mordu, et ce, même s'il était vacciné – sans taux d'anticorps connu, on ne peut pas certifier qu'un chien était correctement immunisé. Il est donc strictement interdit d'euthanasier un chien dans les quinze jours qui suivent la morsure : l'animal doit être mis sous surveillance sanitaire et être vu trois fois à une semaine d'intervalle par un vétérinaire pour constater l'absence de symptôme de rage à chacune des visites. Cette procédure est en général réalisée par le vétérinaire traitant de l'animal, lorsque l'animal mord dans le département de son lieu de résidence, mais elle peut être réalisée par n'importe quel autre vétérinaire.
- *Sur le plan comportemental* : le chien doit être évalué par un vétérinaire compétent et volontaire pour déterminer le risque lié au fait de conserver un tel animal et les précautions à prendre en fonction du risque établi. À ce moment seulement, l'euthanasie peut éventuellement être envisagée si aucune autre solution n'est jugée suffisamment satisfaisante. Au besoin, si l'animal présente un réel danger grave et immédiat compte tenu des modalités de sa garde, il peut être maintenu provisoirement dans un lieu de dépôt. Cette procédure est réalisée par un vétérinaire obligatoirement inscrit sur la liste départementale des praticiens habilités ; ceux-ci sont en principe différents du vétérinaire traitant afin d'éviter tout conflit d'intérêts.

que l'on qualifiera d'agressif. C'est pourquoi dans tout ce livre nous avons parlé d'agressivité plutôt que de dangerosité, la seconde notion étant inhérente à la première.

L'agressivité est une notion complexe et multifactorielle résultant de causes diverses et variées. Rappelons ici la définition *stricto sensu* que nous avons déjà donnée ailleurs de l'agressivité : l'agressivité est un état dans lequel un chien est susceptible de produire un grand nombre d'agressions en réaction à un événement survenant dans des circonstances précises. Comme un comportement résulte toujours des interactions de l'individu avec son environnement, un animal répond donc différemment selon le contexte.

Dès lors qu'un chien est susceptible de présenter un comportement agressif, il existe un risque inhérent d'accident. Alors que le danger est une potentialité, le risque est une probabilité – cette probabilité est combinée à sa conséquence qui est le degré de gravité. Il faut donc bien distinguer, d'une part, le danger intrinsèque que représente un animal – chien qui peut se montrer plus ou moins agressif – et, d'autre part, le risque que ce même animal présente – probabilité que ce danger survienne.

Prenons l'exemple de Dakota, un berger allemand très hargneux qui présente un danger réel pour les gens. Enfermé à clé dans un chenil jour et nuit jouxtant un hangar, il est utilisé pour alerter de toute présence inopportune à proximité du local. Bien que dangereux, Dakota présente un risque nul pour les personnes. En revanche, Harlem, un malinois beaucoup moins hargneux que Dakota et, donc, potentiellement moins dangereux, placé dans une famille avec des enfants en bas âge représente un risque beaucoup plus important. Si c'est Dakota qui se trouve dans le même contexte, le risque augmente encore. Le risque constitue donc une notion impérative à prendre en considération : il est, en effet, davantage significatif que la dangerosité.

10. Les mâles sont-ils plus dangereux que les femelles ?

Non, un chien n'est pas plus dangereux lorsque c'est un mâle. Le danger potentiel dépend de l'association humain-canin et de la communication qui a été mise en place dans la famille, c'est-à-dire entre le chien et les différents membres qui constituent son groupe.

Voici le classement des couples humains-canins par ordre décroissant de dangerosité, c'est-à-dire du plus dangereux au moins dangereux :

– chien mâle/femme ;
– chien femelle/femme ;
– chien mâle/homme ;
– chien femelle/homme.

Attention, toutefois : un chien bien éduqué, qui respecte les règles de la hiérarchie ou la structure mise en place dans son groupe grâce, notamment, à des rituels apaisants n'est pas concerné par ce type de risque.

11. L'âge du chien a-t-il une influence sur l'agressivité ?

Oui encore. C'est à partir de la puberté, en effet, que le comportement agressif apparaît, en partie sous l'influence des hormones sexuelles, pour les agressions de type hiérarchique, c'est-à-dire celles qui permettent à un chien de gérer et de réguler les rapports sociaux au sein de son groupe. Cependant, un chien peut développer un comportement agressif à tout âge et ce n'est pas parce qu'il n'a jamais mordu qu'il ne mordra pas un jour. Inversement, ce n'est pas parce qu'il a déjà mordu qu'il remordra, contrairement à ce que l'on entend encore trop souvent dire.

Une prise en charge précoce par un vétérinaire comportementaliste permet le plus souvent de régler le problème et de traiter ce genre de comportement agressif – par exemple, en conseillant de modifier le lieu de couchage du chien si celui-ci permet de contrôler les allées et venues de la famille, et en prescrivant, au besoin, le psychotrope le mieux adapté.

12. L'« effet de meute » a-t-il une incidence sur l'agressivité des chiens ?

Lorsque deux ou plusieurs chiens sont ensemble, l'effet de meute, encore appelé facilitation sociale, peut entraîner un comportement d'agression même si l'un des chiens n'a jamais montré de comportement agressif auparavant. Il est donc préférable de ne pas laisser en liberté non surveillée un groupe de chiens sur la voie publique et de prendre les mesures nécessaires – clôturer convenablement son jardin, s'assurer que le portail ne peut être ouvert par les animaux, etc. – pour que les chiens ne puissent franchir les limites du territoire qui leur a été imparti – le jardin.

13. Que dit la loi française sur les « chiens dangereux » ?

Pour la loi française, la notion de « chien dangereux » a d'abord constitué une question de races, dont certaines ont été pointées du doigt. D'un point de vue législatif, il est important de connaître les obligations relatives aux chiens catégorisés, répartis en première et en deuxième catégories, ainsi que celles relatives aux chiens mordeurs et aux chiens susceptibles de présenter un danger. Celles-ci font l'objet de la loi du 20 juin 2008, qui consiste en un renforcement des mesures de prévention et de protection des personnes contre les chiens dangereux. Elles viennent compléter les mesures prises par la loi du 6 janvier 1999, puis celle du 5 mars 2007.

➤ *La loi du 6 janvier 1999 relative aux animaux dangereux et errants et à la protection des animaux*

Au départ, la loi du 6 janvier 1999 regroupait certains chiens aux morphologies similaires en deux catégories, stigmatisant leur détention en les déclarant potentiellement « dangereux ». La morphologie de ces animaux était désignée comme un signe précurseur du risque. Il s'agissait pour le législateur de répondre à une problématique de sécurité de la voie publique en visant plus spécifiquement la délinquance – de nombreux délinquants abusaient de certains chiens de ces races, utilisés pour leur physionomie molossoïde, en en faisant des armes par destination.

Les types de chiens susceptibles d'être dangereux ont été répartis en deux catégories ; les chiens d'attaque et les chiens de garde et de défense.

• *Relèvent de la première catégorie (chiens d'attaque), telle que définie à l'article 211-1 du Code rural* :

– les chiens communément appelés « pitbulls ». Ils sont assimilables par leurs caractéristiques morphologiques aux chiens de race american staffordshire terrier, sans être inscrits à un livre généalogique reconnu par le ministère de l'Agriculture et de la Pêche ;

– les chiens communément appelés « boerbulls ». Ils sont assimilables par leurs caractéristiques morphologiques aux chiens de race mastiff, sans être inscrits à un livre généalogique reconnu par le ministère de l'Agriculture et de la Pêche ;
– les chiens assimilables par leurs caractéristiques morphologiques aux chiens de race tosa, sans être inscrits à un livre généalogique reconnu par le ministère de l'Agriculture et de la Pêche.

N'étant pas inscrits à un livre généalogique reconnu par le ministère de l'Agriculture et de la Pêche, ces chiens sont donc « sans papiers », qu'ils résultent d'un croisement de races leur ayant donné une morphologie similaire aux chiens visés par la loi – un pitbull peut, en effet, résulter du croisement entre un boxer et un labrador – ou qu'ils soient issus de chiens de race american staffordshire terrier, mastiff ou tosa, qui n'ont pas été inscrits à un livre officiel par absence de déclaration de naissance. Dans le dernier cas, les american staffordshire terriers donneront des pitbulls et les mastiffs, des boerbulls.

• *Relèvent de la deuxième catégorie (chiens de garde et de défense), telle que définie à l'article 211-1 du Code rural :*
– les chiens de race american staffordshire terrier ;
– les chiens de race tosa ;
– les chiens de race rottweiler ou ceux qui leur sont assimilables par leurs caractéristiques morphologiques.

À part les assimilés rottweiler, ces trois races concernent des chiens de pure race et possèdent leurs lettres de noblesse. Leurs individus doivent tous être inscrits à un livre généalogique reconnu par le ministère de l'Agriculture et de la Pêche. On dit d'un chien inscrit à un livre généalogique reconnu par le ministère de l'Agriculture – par exemple, le *Livre des origines françaises* ou LOF – qu'il « possède des papiers ».

Les obligations imposées par la loi

• Pour les chiens de première catégorie uniquement : stérilisation obligatoire, avec attestation délivrée par le vétérinaire.

• Pour tous les chiens catégorisés : identification (tatouage ou puce électronique) ; vaccination contre la rage à jour ; assurance responsabilité civile incluant le chien (attestation) ; déclaration en mairie ; port de la laisse et de la muselière sur la voie publique et dans les parties communes des immeubles. C'est une personne majeure qui doit tenir le chien.

Attention : en cas de contrôle, il est impératif d'être en possession des papiers cités.

Les interdictions imposées par la loi

• Pour les chiens de première catégorie uniquement : sont interdites l'importation, la cession, l'acquisition et la reproduction. Sont également interdits le stationnement dans les parties communes des immeubles collectifs et la circulation dans les transports en commun, les locaux ouverts au public, les lieux publics *sauf la voie publique*.

• Pour tous les chiens catégorisés : la détention est interdite aux mineurs, aux personnes sous tutelle, aux personnes avec casier judiciaire ou dont la garde d'un chien a déjà été retirée.

Attention : la loi peut s'appliquer également à des chiots issus du croisement de deux races non concernées par la loi, mais qui possèdent les critères morphologiques des chiens de première catégorie.

Attention : un bail locatif peut vous interdire la détention d'un chien de première catégorie.

Attention : les chiens de première catégorie ne sont plus autorisés à se reproduire depuis le 7 janvier 2000 et doivent être définitivement stérilisés.

Les sanctions prévues par la loi en cas d'infraction

Les propriétaires ou détenteurs de chiens catégorisés ne remplissant pas leurs obligations peuvent encourir de graves sanctions.

Les sanctions prévues par la loi de 1999

Article R. 215-2 du Code rural.
Modifié par décret n° 2009-1 768
du 30 décembre 2009-art. 1

I. EST PUNI DES PEINES PRÉVUES POUR LES CONTRAVENTIONS DE LA 2E CLASSE :
1. le fait de détenir un chien de la 1re catégorie telle que définie à l'article L. 211-12 dans des transports en commun, des lieux publics, à l'exception de la voie publique et des locaux ouverts au public ;
2. le fait de laisser stationner un tel chien dans les parties communes des immeubles collectifs ;
3. le fait, pour le propriétaire ou le détenteur d'un chien de la 1re ou de la 2e catégorie, telles que définies à l'article L. 211-12, de laisser son chien non muselé ou non tenu en laisse par une personne majeure, sur la voie publique, dans les lieux publics, locaux ouverts au public ou transports en commun.

II. EST PUNI DES PEINES PRÉVUES POUR LES CONTRAVENTIONS DE LA 3E CLASSE :
1. le fait, pour le propriétaire ou le détenteur d'un chien de la 1re ou de la 2e catégorie telles que définies à l'article L. 211-12, de ne pas être couvert par une assurance garantissant sa responsabilité civile pour les dommages causés aux tiers par l'animal, conformément au titre II de l'article L. 211-14 ;

2. le fait, pour le propriétaire ou le détenteur d'un chien de la 1re ou de la 2e catégorie telles que définies à l'article L. 211-12, de ne pas avoir fait procéder à la vaccination contre la rage de cet animal ; ces dispositions sont applicables même dans les départements n'ayant pas été officiellement déclarés infectés de rage ;
3. le fait, pour le propriétaire ou le détenteur d'un chien de la 1re ou de la 2e catégorie, telles que définies à l'article L. 211-12, de ne pas présenter à toute réquisition des forces de police ou de gendarmerie le permis de détention ou, le cas échéant, le permis provisoire tels que prévus à l'article L. 211-14 ainsi que les pièces attestant qu'il satisfait aux conditions prévues aux b et c du 1° du titre II de l'article L. 211-14 ;
4. le fait, pour le détenteur à titre temporaire, au sens du V de l'article L. 211-14, d'un chien de la 1re ou de la 2e catégorie, telles que définies à l'article L. 211-12, de ne pas présenter à toute réquisition des forces de police ou de gendarmerie les documents mentionnés à l'article R. 211-5-1 ;
5. le fait, pour le propriétaire ou le détenteur d'un chien de la 1re ou de la 2e catégorie telles que définies à l'article L. 211-12, de ne pas avoir fait procéder à l'identification de cet animal selon les modalités prévues à l'article L. 212-10.

III. Est puni des peines prévues pour les contraventions de la 4e classe :
1. le fait, pour le propriétaire ou le détenteur d'un chien de la 1re ou de la 2e catégorie, telles que définies à l'article L. 211-12, de ne pas être titulaire du permis de détention ou du permis provisoire prévus à l'article L. 211-14 ;
2. le fait de ne pas soumettre son chien à l'évaluation comportementale mentionnée aux articles L. 211-14-1 et L. 211-14-2.

La loi du 6 janvier 1999 prévoit également que le maire puisse ordonner le retrait de la garde d'un chien présentant un danger potentiel, voire de faire procéder à son euthanasie.

➤ *Les modifications apportées en 2007*

La loi du 5 mars 2007 relative à la prévention de la délinquance et le décret du 6 septembre 2007 ont instauré de nouvelles mesures permettant aux maires, le jugeant nécessaire, de demander à tout détenteur de chien de faire procéder à une évaluation comportementale par un vétérinaire inscrit sur une liste départementale, cette dernière étant consultable en mairie de chaque département.

L'évaluation peut être réalisée dans n'importe quel département, qu'il soit ou non celui de la commune de résidence du détenteur. Cet examen est susceptible de concerner tous les types ou races de chiens. Il permet au maire d'être informé du risque à détenir un tel animal et de prendre les mesures destinées à le prévenir.

➤ *La loi du 20 juin 2008 renforçant les mesures de prévention et de protection des personnes contre les chiens dangereux*

Les lois de 1999 et 2007 ont été amendées par une autre loi promulguée le 20 juin 2008. Celle-ci vise de façon obligatoire non seulement les chiens des deux catégories, mais s'élargit également aux chiens mordeurs et à tout chien susceptible de présenter un danger, sur la demande du maire.

Évaluation comportementale du chien, formation du maître, attestation d'aptitude

La loi de 2008 oblige les propriétaires de tous ces chiens à faire pratiquer par un vétérinaire inscrit sur une liste départementale consultable en mairie, distinct du vétérinaire traitant, une évaluation comportementale du chien, soit appartenant à l'une des deux catégories, soit ayant mordu.

Pour les chiens des 1re et 2e catégories, cette évaluation doit être réalisée entre 8 et 12 mois.

Au terme de cette évaluation :

- *Pour les chiens mordeurs et ceux pour lesquels il existe un risque avéré* : le maire décide, en fonction du rapport du vétérinaire, de faire suivre ou non une formation spécifique au maître afin d'obtenir l'attestation d'aptitude.
- *Pour les chiens catégorisés* : l'attestation d'aptitude sera délivrée à l'issue d'une formation portant sur le comportement et l'éducation. Cette formation est obligatoire.

Le décret relatif à la formation permettant d'obtenir l'attestation d'aptitude a été publié au *Journal officiel* le 1er avril 2009. Deux arrêtés publiés le 8 avril 2009 fixent les conditions du déroulement de la formation ainsi que les conditions de qualification et les capacités matérielles requises pour dispenser la formation et délivrer l'attestation d'aptitude.

> ☞ **À retenir**
> Le décret relatif à la formation des maîtres de chiens définis comme « dangereux », c'est-à-dire appartenant à une des deux catégories de chiens dangereux, permet d'obtenir l'attestation d'aptitude ; il a été publié au *Journal officiel* le 1er avril 2009. Deux arrêtés publiés le 8 avril 2009 fixent les conditions du déroulement de la formation ainsi que les conditions de qualification et les capacités matérielles requises pour dispenser cette formation et délivrer cette attestation d'aptitude.

Le vétérinaire qui réalise l'évaluation comportementale doit se prononcer sur le niveau de risque, c'est-à-dire sur la probabilité que l'exposition au danger entraîne un dommage quantifié. À l'issue de son évaluation, il se prononce donc en énonçant le niveau de risque qui est quantifié de 1 (probabilité faible de survenue d'un accident avec gravité faible) à 4 (probabilité très élevée de survenue d'un accident avec gravité très élevée).

Contrairement à ce que semble énoncer cette loi, nous nous permettons de rappeler qu'un même chien, selon ses modalités de garde, peut ne pas présenter le même risque (voir aussi *supra*, « Qu'est-ce qu'un chien "dangereux" ? »).

Le permis de détention

Tous les détenteurs de chiens des première et deuxième catégories sont assujettis à l'obligation de détenir un permis de détention délivré par le maire. Celui-ci vient se substituer à l'obligation de déclaration en mairie de ces chiens. Il regroupe les pièces justificatives obligatoires depuis la loi de 1999 (excepté la déclaration en mairie) :

- *un certificat d'identification*, par tatouage ou puce électronique ;
- *un certificat de vaccination antirabique* en cours de validité ;
- *une attestation d'assurance* garantissant la responsabilité civile du détenteur ;
- *un certificat attestant la stérilisation chirurgicale* pour les chiens de première catégorie.

À celles-ci, se rajoutent les pièces justificatives énoncées par la loi de 2008 :

- *l'attestation de l'évaluation comportementale* réalisée entre les 8 et 12 mois du chien par un vétérinaire inscrit sur une liste départementale ;
- *l'attestation d'aptitude*, délivrée suite à la formation complémentaire du maître, portant sur le comportement et l'éducation.

Ce permis de détention n'est pas exigé pour les autres chiens.

Si le propriétaire d'un chien de 1re ou de 2e catégorie ne possède pas de permis de détention, le maire peut le mettre en demeure de régulariser dans un délai de un mois. À défaut, l'animal sera placé dans une fourrière où il pourra être procédé à son euthanasie.

Ici encore, nous nous permettons de rappeler que le fait qu'une race soit réputée dangereuse augmente les risques en modifiant la communication des êtres humains vis-à-vis du chien, ce qui est loin d'être anodin (voir aussi *infra*, « Existe-t-il un lien entre agressivité et génétique ? »).

La déclaration de morsure

La nouvelle loi oblige également le propriétaire ou tout professionnel qui en a connaissance dans l'exercice de ses fonctions – médecin, assureur, vétérinaire... – à déclarer toute morsure de chien auprès de la mairie de la commune de résidence du propriétaire ou du détenteur.

Si ce dernier ne se soumet pas à l'obligation de faire réaliser une évaluation comportementale de son chien ainsi que, selon le résultat, de suivre une formation permettant l'obtention de l'attestation d'aptitude, il peut encourir certaines sanctions. Le maire peut, en effet, ordonner que l'animal soit placé dans un lieu de dépôt adapté à la garde de celui-ci.

En cas de danger grave et immédiat et après avis d'un vétérinaire désigné par la direction départementale des services vétérinaires, le maire peut faire procéder à l'euthanasie de l'animal.

> ☞ **À retenir**
> La loi de 2008 oblige le propriétaire ou tout professionnel qui en a connaissance – médecin, assureur, vétérinaire... – à déclarer toute morsure de chien auprès de la mairie de la commune de résidence du propriétaire ou du détenteur.

L'Observatoire national du comportement canin

Un Observatoire national du comportement canin a également été institué par la loi du 20 juin 2008. Malheureusement, il a été abrogé par un simple décret paru au *Journal officiel* du 30 juin 2011. Mort avant de naître, il ne verra jamais le jour.

Voué à une analyse des circonstances et de la prévalence des agressions par race, il aurait permis de mettre en place un véritable réseau de surveillance des morsures des carnivores domestiques et de constituer des fichiers destinés à assurer le suivi statistique et administratif des animaux mordeurs. Il aurait ainsi affiché un rôle phare dans la prévention des accidents par morsure fédérant au grand jour les actions menées en matière de campagnes d'information et d'éducation sur le comportement du chien.

Nous pensons ici à toutes les victimes et en priorité aux enfants qui sont mordus. Ces derniers le sont, le plus souvent, par méconnaissance des signaux émis par les chiens, que les animaux incriminés soient d'ailleurs des chiens de famille réputés non dangereux et pourtant fichés au palmarès des accidents constatés ou des chiens dits « dangereux », vite cloués au pilori sur des critères purement raciaux. Nous nous permettons de rappeler ici que, la plupart du temps, dans les deux cas, les conditions de détention et d'éducation concourent aux accidents.

Cet Observatoire national du comportement canin devait constituer un ultime et unique lieu de rencontre favorisant une réflexion interdisciplinaire sur un sujet de santé publique. Il était prévu que la réflexion soit menée par des professionnels aux compétences riches et variées : médecins, vétérinaires, mais aussi juges, policiers.

Sans cet Observatoire, pas d'action conjointe, pas de réflexion commune, pas de prévention organisée. Reste une donnée permettant à tous ceux, notamment aux vétérinaires, qui en ont défendu la cause, de se consoler : le décret relatif à l'Observatoire du comportement canin stipule la publication annuelle par le ministère de l'Agriculture d'un rapport sur les résultats des évaluations comportementales des chiens. Il est prévu que ces données soient centralisées dans un fichier national canin. Les modalités devraient être détaillées dans un arrêté d'application. Il est nécessaire d'attendre le premier rapport pour voir dans quelles mesures les données établies peuvent être exploitables et susciter d'éventuelles initiatives privées.

D'ores et déjà, sous l'égide conjointe de Zoopsy, l'association de zoopsychiatrie française, et de l'InVS, l'Institut national de veille sanitaire, un groupe de vétérinaires comportementalistes investigateurs ainsi qu'un groupe de médecins urgentistes référents appartenant à une dizaine d'hôpitaux français ont été sollicités pour participer entre le 1er mai 2009 et le 30 juin 2010 à une enquête concernant les morsures canines. Cette enquête achevée et dont les résultats ont été publiés en mai 2011 a précisé un certain nombre de données épidémiologiques rendant compte de la gravité des morsures afin de contribuer à la mise en place de mesures préventives efficaces s'appuyant sur des données concrètes et statistiquement significatives.

Suivant les résultats de l'enquête concernant les facteurs de gravité des morsures analysés par l'InVS, les morsures se sont révélées plus graves :

– quand le chien était connu de la victime ;
– sur les adultes – les enfants présentaient des morsures moins graves ;
– quand le chien mordeur faisait plus de 15 kilos.

En revanche, l'étude a conclu que la gravité des morsures n'était pas liée au sexe du chien ni au type de chien (groupe FCI auquel il appartient), ni au type d'agression (irritation, hiérarchique, territoriale).

Chez les adultes, les morsures survenaient principalement quand la victime cherchait à séparer deux chiens se battant, alors que, chez les enfants, elles survenaient quand le chien était dérangé.

14. Que penser de la muselière ?

La muselière peut constituer une aide à certains moments. Prenons l'exemple d'un propriétaire qui a peur de lâcher son chien, pourtant gentil, parce qu'il a eu des expériences négatives avec son précédent animal. Ainsi, ce propriétaire apprendra, grâce à la muselière, à laisser son chien communiquer avec d'autres. Lorsqu'il verra que les interactions se passent bien, il pourra alors la lui retirer.

Dans tous les cas, l'accoutumance à la muselière doit être très progressive pour ne pas stresser l'animal.

En dehors des cas d'obligation pour les chiens des 1re ou 2e catégories (voir aussi *supra*, « Que dit la loi française sur les “chiens dangereux” ? »), la muselière, utilisée de manière abusive ou permanente constitue un signe d'échec d'éducation et il faut en parler avec votre vétérinaire ou avec un éducateur canin.

15. Existe-t-il un lien entre agressivité et génétique ?

Abi est un jack russel terrier de 6 mois qui a agressé sa propriétaire alors que celle-ci tentait de se coucher dans son propre lit, déjà investi par l'animal.

Abi a-t-il agressé parce qu'il est un jack ? Il y a fort à parier que, sur cent personnes interrogées, les trois quarts invoqueront une autre raison que le critère racial, alors que si Abi avait été un rottweiler, la proportion des réponses concernant l'origine génétique de l'agression aurait été inverse. Qui a raison ? Peut-être que le caractère impulsif, à composante génétique, du jack entre en partie dans l'explication – ce chien est, en effet, susceptible de réagir plus vite qu'une autre race moins impulsive –, mais ce ne peut pas être la seule raison car tous les jacks n'agressent pas dans le même contexte. De même, un rottweiler aurait pu agresser de la même manière comme il aurait pu ne pas bouger une oreille. Bien souvent, dans l'agressivité, il n'y a pas une cause, mais une superposition de causes.

Depuis la loi connue sous le nom de « loi sur les chiens dangereux » (voir aussi *supra*, « Que dit la loi française sur les "chiens dangereux" ? »), l'analyse comportementale est devenue obligatoire pour les chiens des 1re et 2e catégories et également pour tous les chiens mordeurs ; elle est appelée « évaluation comportementale ». Cette dernière est destinée à évaluer le risque présenté par la détention d'un tel chien (de catégorie ou mordeur), mais également à prescrire des mesures de prévention pour la personne qui détient le chien. Il s'agit d'une consultation qui revêt à la fois un volet médical et un volet comportemental.

Quand on entend les mots « chien dangereux », vient le plus souvent à l'esprit l'image d'un chien qui agresse systématiquement parce qu'il appartient à telle ou telle race. La loi dont nous venons de parler y est pour quelque chose, c'est certain, mais nous avons aussi en nous cette croyance suivant laquelle l'agressivité, c'est génétique. Dans les faits, ce n'est pas aussi simple et, comme nous l'avons dit, aucune étude scientifique ou statistique ne permet, à ce jour, de faire le lien entre une race et l'occurrence de comportements agressifs, c'est-à-dire entre la morphologie de l'animal et son comportement. Il faudrait réaliser des tests sur des échantillons suffisamment conséquents (une centaine d'individus) et représentatifs de certaines races, dans chaque pays, car les races diffèrent selon les pays, et en répétant les tests régulièrement, car la race a tendance à évoluer en fonction de la mode du moment.

➤ *La part d'hérédité dans les comportements*

Différents aspects sont à distinguer concernant le caractère héréditaire d'un comportement et, donc, son éventuelle transmission par le biais de la reproduction.

• *Les aptitudes naturelles liées à une race* : les races ont été sélectionnées par l'homme en fonction de caractéristiques inhérentes à certains individus. Il peut s'agir de critères de beauté ; il peut s'agir aussi de critères comportementaux liés à l'histoire et à l'utilisation de l'animal. La grande variété des critères de sélection a favorisé l'émergence de toutes les races que nous connaissons aujourd'hui. On peut citer les chiens de chasse (critères d'endurance et d'obéissance) ; les chiens de travail (critères de ténacité, d'opiniâtreté) ; les chiens qui gardent les troupeaux (capacité à surveiller et à donner l'alerte) ; les chiens de compagnie (relative docilité). L'ensemble de ces critères, énoncés comme des critères de race et, donc, considérés comme génétiquement transmissibles dans la littérature cynophile, sont toutefois difficilement quantifiables et étroitement liés aux conditions environnementales qui président au développement comportemental de l'animal. Si lien il y a entre certaines prédispositions raciales et l'expression d'un possible comportement d'agression, celui-ci n'est donc pas forcément un lien direct de cause à effet, soutenu par l'expression d'un ou plusieurs gènes liés à l'agressivité ; ce qui peut se produire, en revanche, c'est qu'un comportement normal pour une race dans des conditions correspondant au critère pour lequel elle a été sélectionnée – par exemple, un chien de chasse dans des conditions de chasse – devienne pathologique parce qu'il est exprimé dans des conditions inappropriées. Et cela a d'autant plus de probabilités de se produire que le chien vit dans un environnement inadapté sur le long terme pour ses besoins, que sa « petite enfance » s'est déroulée avec certaines carences et que son impulsivité, son excitabilité ou sa réactivité liées à sa physiologie, transmises génétiquement dans certaines lignées ou certaines races, limitent ses facultés d'adaptation. Ainsi, chez un chien de chasse moyennement socialisé aux humains, le comportement de prédation pourra être déclenché par la course d'un homme et non par celle d'un gibier.

• *Certaines pathologies comportementales à composante génétique* : il s'agit ici d'une très courte liste de « maladies » qui atteignent de façon privilégiée certaines races et à travers elles, seulement certaines lignées d'individus. Ces maladies, dans lesquelles les symptômes comportementaux sont étroitement associés à des anomalies neurologiques, sont répertoriées dans les troubles neuropsychiatriques. Dans ce cas particulier, pour prévenir la transmission de cette affection, il suffit d'éloigner de la reproduction les individus atteints. À titre d'exemple, on peut citer le syndrome dissociatif, très rare dans l'espèce canine ; par ses caractéristiques, il se rapproche de la schizophrénie chez l'homme ; les races berger allemand et bull-terrier sont les plus touchées par ce syndrome. On peut également mentionner la dysthymie du cocker spaniel qui résulte de l'émergence, à une certaine époque, de familles de cockers anglais agressifs.

• *Les prédispositions génétiques qui ne sont pas forcément des prédispositions raciales* : il s'agit alors des caractéristiques propres à un chien en particulier. Chaque être vivant, qu'il soit chien ou humain, est singulier et se caractérise par son tempérament, hérité génétiquement, qui diffère de celui de ses frères, de ses sœurs et de tous ses autres congénères.

Dans tous les cas, c'est l'interaction des capacités héritées et des influences environnementales qui produit un comportement. On s'attache donc généralement à éliminer les géniteurs les plus enclins à développer des comportements agressifs malgré des conditions environnementales favorables.

Parfois, pourtant, certains éleveurs procèdent à l'inverse. On a ainsi pu identifier à une époque en Yougoslavie des lignées agressives de charplaninaz – ce sont des bergers yougoslaves gardiens de troupeaux. Ce phénomène résultait de la conservation et de la reproduction volontaires d'individus qui se montraient spontanément agressifs envers les loups. L'objectif était d'optimiser la défense des troupeaux.

Il est donc toujours possible de trouver des lignées de chiens agressifs. C'est le rôle de la sélection raisonnée d'éliminer ces individus de la reproduction, plutôt que de les conserver, voire d'optimiser leur reproduction. Même si ce n'est pas le cas, il faut garder à l'esprit le fait qu'il est impossible que cette agressivité induite s'étende à une race tout entière compte tenu de l'essaimage considérable des races – les populations raciales se répartissent dans le monde entier.

➤ *Les liens génétiques indirects*

Concernant l'agressivité, ces liens indirects existent, on ne peut le nier.

• *Via des effets de mode* : le nombre accru de naissances et donc le nombre global plus élevé de chiens que l'on retrouve ensuite ont nécessairement une incidence. Statistiquement, on a alors une probabilité plus grande d'avoir des chiens « atteints ». De surcroît, l'effet de mode et la demande accrue qui en résulte peuvent entraîner des conditions de développement défavorables – par exemple, le retrait prématuré des chiots de leur mère afin de préserver la génitrice de manière illusoire. Les répercussions, notamment en matière de manque de régulation – incapacité à contrôler ses mordillements puis ses comportements –, au niveau des chiots peuvent avoir des conséquences dramatiques – incapacité à l'âge adulte de réguler ses comportements et hypersensibilité. C'est ce qui s'est produit pour les labradors il y a quelques années. À l'inverse, signalons que les effets de mode permettent de faire évoluer une race et que certains caractères agressifs, momentanément sélectionnés et exprimés, sont ainsi susceptibles de disparaître aussi rapidement qu'ils étaient apparus.

• *Via la fonction pour laquelle le chien a été adopté* : par exemple, un chien élevé pour la garde ne subira pas la même éducation qu'un chien destiné strictement à la compagnie : il entrera peu ou pas à l'intérieur de la maison, il aura moins de contacts avec les hommes et il restera parfois de longues heures livré à lui-même. Prenons le cas d'un boxer qui reste toujours à l'extérieur de la maison, car il a été choisi pour monter la garde, et qui ne voit personne de la journée sauf ses maîtres, et encore, uniquement le soir et pendant quelques minutes. Ce chien aura forcément un comportement différent de celui d'un boxer vivant en appartement, en plein centre-ville et au milieu de toute la famille.

On comprend mieux ainsi qu'un comportement ne soit pas le résultat d'un ou plusieurs gènes codant pour ce comportement. Il n'existe pas de déterminisme simple des comportements ; il n'existe donc pas de gène de l'agressivité. Un comportement normal ou pathologique est en fait sous-tendu par des processus biologiques complexes qui mettent en jeu un grand nombre de médiateurs – enzymes, hormones, neurotransmetteurs véhiculant l'information le long des neurones. Ce sont ces médiateurs qui sont codés par des gènes – ils sont synthétisés et agissent par le biais des informations contenues dans les chromosomes de l'individu. Cette composante génétique, qui influence la susceptibilité neurobiologique d'un individu de manière spécifique, s'exprimera ou ne s'exprimera pas en fonction du milieu dans lequel évolue le chien. L'expression des facteurs génétiques est particulièrement influencée par les conditions environnementales qui entourent le chiot durant son développement – environnement physique et maternel, apprentissages précoces. Ces mêmes conditions influenceront à leur tour le développement neurologique de l'animal.

☞ **À retenir**

- Même si un comportement possède un déterminisme génétique, il peut être évité ou modifié par un environnement adapté, qui prévient son apparition, ou par des thérapies comportementales, éventuellement associées à des médicaments, une fois le trouble apparu.
- Il est en revanche certain que moins l'environnement a fait son travail, plus le déterminisme génétique aura de poids et plus un trouble agressif sera difficile à prévenir ou à rectifier.

Lou est un labrador qui ne connaît pas les règles de communication canine, car il a été adopté précocement et sa mère était elle-même mal socialisée. Ce chien n'a notamment jamais appris à contrôler ses mordillements et ne sait pas se soumettre. Lorsqu'il croise un autre chien, il le menace en grognant, ce qui suscite une réponse agressive de la part de l'autre chien. Du coup, ses propriétaires évitent les contacts avec les autres chiens et, quand ils en croisent un, tirent sur sa laisse de peur qu'il ne l'agresse, confortant ainsi leur animal dans un état de crainte, tant vis-à-vis de ses maîtres que de son environnement.

Qu'est-ce qui peut faire penser que Lou deviendra de plus en plus agressif ? Et est-ce qu'un autre chien aurait eu la même évolution que Lou, quelle que soit sa race ?

Un environnement inadapté, dès le plus jeune âge, a fortement contribué à l'agressivité de ce chien. Celui-ci n'a jamais été rectifié, et les réactions de ses maîtres n'ont fait qu'amplifier son trouble. Si tant est qu'il y ait une prédisposition génétique à l'agressivité chez Lou, ce sont les conditions défavorables dans lesquelles ce chien évolue depuis sa naissance qui l'ont révélée, puis amplifiée. On peut supposer qu'il en aurait été de même pour n'importe quel autre chien. Lou devra inévitablement, à un moment ou à un autre, être vu par un vétérinaire comportementaliste qui mettra en place des apprentissages structurés pour donner à ce chien une représentation différente de son environnement. Il est fortement probable que cela ne puisse se faire sans l'association d'un traitement médicamenteux.

➤ *Il n'existe pas de race plus dangereuse qu'une autre*

Compte tenu de ce que nous venons d'expliquer, le lecteur aura compris que la dangerosité d'un chien ne dépend pas de sa race au sens génétique du terme. En revanche, au sein d'une population agressive, on peut supposer que le danger sera beaucoup plus important en fonction de la taille et de la masse du chien – c'est-à-dire de sa puissance potentielle.

À arguments équivalents – nombre de dents et degré d'agressivité –, un plus gros chien engendrera des blessures plus graves qu'un petit chien – pression plus grande exercée par la mâchoire et, donc, blessures plus délabrantes. Ce sont là des critères morphologiques liés à la race et, en aucune façon, des caractéristiques comportementales. Vu ainsi, le danger que représente un chien sera induit par sa puissance morphologique, et tous les chiens puissants sont susceptibles d'être dangereux. C'est d'ailleurs ce qui a conduit à la promulgation de la loi sur les chiens dangereux (voir aussi *supra*, « Que dit la loi française sur les “chiens dangereux” ? ») dans laquelle, toutefois, seules quelques races puissantes ont été stigmatisées : les american stafforshire terriers, les mastiffs, les tosas et les rottweilers. Pourquoi les bergers allemands, les boxers, les labradors et d'autres chiens de gabarit au moins aussi imposant n'ont-ils pas été retenus par le législateur ? C'est une question qui mérite d'être posée.

Prenons le cas de Tom, un boxer de 18 mois, qui a essayé de mordre son maître pendant que ce dernier tentait de lui prodiguer des soins en raison d'une otite douloureuse atteignant les deux oreilles. Depuis, il est presque impossible de toucher l'animal qui grogne à chaque fois qu'on s'approche de lui.

Ce chien est-il dangereux ? Dans le cas présent, cela paraît flagrant et pourtant le boxer n'appartient à aucune des catégories de chiens dangereux que la loi du même nom a instaurées (voir *supra*, « Que dit la loi française sur les "chiens dangereux" ? »). Cet exemple montre bien les incohérences de cette loi.

Car si Tom avait été un pitbull ou un rottweiler, alors l'évaluation obligatoire pour tous les chiens de catégorie aurait permis de se pencher sur le comportement d'agression de ce chien et de prescrire une prise en charge par un vétérinaire comportementaliste ou compétent en comportement. Le fait que Tom ne soit qu'un boxer empêchera peut-être une telle démarche si son maître ne prend pas l'initiative de consulter.

Et si Tom, le boxer, avait concrétisé sa morsure, la loi aurait contraint son propriétaire à faire réaliser une évaluation comportementale de chien mordeur. Pour cela, il faut que la morsure soit effectivement déclarée. Si elle reste ignorée par absence de déclaration de la part de son maître ou parce qu'aucun professionnel n'est alerté, aucune prévention valable ne peut être mise en place.

Signalons, pour finir, qu'il n'est pas sans risque de considérer que la dangerosité d'un chien dépend exclusivement de la race : non seulement cela crée un faux sentiment de sécurité envers les races qui ne sont pas visées, mais l'isolement des chiens appartenant aux races visées est susceptible d'aggraver un état agressif potentiel en désocialisant ces animaux : des chiens qui perdent l'habitude de communiquer ont une forte probabilité de devenir agressifs.

☞ À retenir

Plutôt que de se demander s'il existe des races dangereuses, mieux vaut étudier les conditions sociales qui rendent possible la sélection d'une agressivité « héritable », c'est-à-dire sans lien avec la génétique. Par exemple, une population de chiens élevée en isolement social sur plusieurs générations peut tout à fait produire un grand nombre d'individus craintifs. Certains, parmi cette population, se montreront peut-être alors agressifs. Dans ce cas, l'héritabilité du comportement de crainte et, indirectement, de l'agressivité est grande. Cependant, les gènes ne sont pas en cause dans ces manifestations comportementales.

➤ *Anticiper les risques*

Une fois évacuée l'idée d'une transmission génétique de la dangerosité, on peut reconsidérer le problème en se posant la seule question valable : quel risque existe-t-il à acquérir tel type de chien ? Pour y répondre, vous devez examiner en priorité les critères pertinents que sont le format de l'animal, son origine et ses conditions de développement, son mode et son milieu de vie, la qualité de son intégration dans ce milieu, son équilibre émotionnel, son éducation.

Selon le vieil adage : « Mieux vaut prévenir que guérir », l'idéal est, en effet, d'anticiper. Trois règles essentielles vous aideront à le faire :

• *D'abord, faire un choix raisonné de la race* en fonction de son mode de vie personnel et de ses attentes.

• *Ensuite, optimiser la période clé, entre 3 et 12 à 16 semaines,* durant laquelle un chiot acquiert son équilibre émotionnel. Pour cela, il ne faut pas hésiter à s'informer et à se documenter sur les conditions de développement du chien que l'on souhaite acquérir.

• *Enfin, faire réaliser un suivi comportemental du chien chez un vétérinaire,* soit comportementaliste, soit compétent en comportement, dont la périodicité peut être, par exemple, mensuelle. Avec un chiot, cette période de conseils et de surveillance sera comprise entre le moment de l'acquisition et sa puberté. Arrivé à ce stade, le vétérinaire réalisera une consultation pubertaire au cours de laquelle, il vous donnera les conseils appropriés pour une insertion correcte de votre chien dans le groupe qu'il constituera avec vous, son maître et, éventuellement, votre famille.

Ces règles fondamentales ont été développées tout au long de ce livre.

Sachez vous faire aider à temps !

Lorsque la prévention a *a priori* été mise en place et que malgré tout des comportements agressifs sont relevés (les grognements en font partie), alors il ne faut pas hésiter à consulter un vétérinaire comportementaliste qui, après avoir examiné le chien, identifiera les séquences en cause et proposera une thérapie comportementale adaptée plus ou moins associée à un traitement médicamenteux. Ce dernier, qui sert de « béquille » chimique à la thérapie comportementale, sera arrêté par la suite, sauf dans certains cas d'affections psychiatriques strictes. Par ailleurs, dans certaines situations, votre vétérinaire peut décider d'orienter votre chien vers un club canin.

16. Est-ce que la faim peut influer sur l'agressivité ?

Oui, la faim entraîne de l'agressivité, sauf chez un chien parfaitement équilibré. Si un chien ne mange pas à sa faim, son comportement de prédation peut revenir de manière instinctive. Heureusement, c'est peu fréquent, car la plupart des chiens de compagnie présentent une socialisation correcte à l'être humain. Cependant, si votre chien montre de l'agressivité pendant l'attente des repas, il faut en parler à votre vétérinaire. La faim, qui est synonyme de privation et de frustration, peut également engendrer des agressions par irritation, qui apparaissent quand le seuil de tolérance du chien est dépassé, notamment si la hiérarchie de la relation maître-chien est mal installée et, donc, la communication biaisée.

17. Existe-t-il des maladies qui augmentent l'agressivité ?

Oui, et certaines maladies sont bien identifiées. Ainsi le diabète peut augmenter l'agressivité, tout comme l'hypothyroïdie, les maladies des glandes surrénales et toutes les pathologies qui entraînent un état algique avec des douleurs permanentes ou intermittentes. D'autres troubles tels que les tumeurs cérébrales et le vieillissement cérébral pathologique sont également en cause.

18. Comment mieux intégrer les chiens dans nos sociétés ?

La place de l'animal dans notre vie quotidienne est une question de société fondamentale dont l'avenir du chien tout comme son statut dépendent. Il s'agit également d'un enjeu de santé publique dont les politiques ont pris depuis peu conscience.

C'est dans ce cadre qu'avaient été lancées, à l'instar du Grenelle de l'environnement, les rencontres « Animal et société » engagées sous l'égide du ministère de l'Agriculture. Malheureusement, cette réflexion globale qui a placé l'animal au centre du débat durant toute la période qu'ont duré ces travaux n'a pas permis la mise en place de mesures pratiques bénéfiques pour une meilleure intégration et une meilleure perception du chien dans notre société.

Aujourd'hui, on voit se creuser de plus en plus l'écart entre les adeptes du chien et ses pires ennemis. Ce phénomène a insidieusement pris de l'ampleur ces dernières années sous le poids de l'ignorance ou d'une information tronquée. La polémique autour des lois sur les chiens dangereux en est l'illustration (voir *supra*, « Existe-t-il un lien entre agressivité et génétique ? »). Le problème qu'il nous faut donc résoudre est le suivant : comment bien vivre, tous ensemble, en société ? L'ensemble des professionnels du chien, scientifiques ou non, s'accorde tous sur ce point. En revanche, le reste de la société ne nous paraît pas disposer de tous les éléments objectifs pour aborder correctement le problème. Le but de cet ouvrage est aussi d'en favoriser la diffusion auprès de tous les citoyens en quête de compréhension, qu'ils soient adeptes ou non du chien.

Au terme de ce guide, ce que nous voudrions encore une fois souligner, c'est le caractère vivant du chien dans sa spécificité de chien. Celui-ci s'est rapproché de l'homme, il y a maintenant plus de dix mille ans. Et ce n'est sans doute pas par hasard que nos deux espèces se sont liées pour des siècles de proximité, voire d'intimité.

> ☞ **À retenir**
> Le chien n'est ni un objet ni un humain. Ce n'est jamais un petit enfant, même s'il appartient à une race petite ou miniature.

Les relations sociales qu'un chien instaure avec son entourage ont une influence majeure sur son équilibre émotionnel. Nous l'avons souvent montré dans ce livre, son comportement change en fonction du comportement de son propriétaire, conformément au vieil adage « tel maître, tel chien » !

19. Pourquoi consulter un vétérinaire comportementaliste ?

Une consultation vétérinaire spécialisée en comportement procède d'une véritable démarche médicale : recueil de l'historique, examen clinique, bilan comportemental, établissement d'un diagnostic et d'un pronostic, mise en place d'une thérapie et d'un suivi.

Le vétérinaire comportementaliste va examiner votre animal pour décider si c'est une maladie organique qui est responsable de l'agressivité qu'il présente – une arthrose douloureuse peut déclencher des comportements agressifs – ou bien s'il s'agit d'une maladie purement comportementale – une hypersensibilité-hyperactivité, par exemple. Comme toujours, la précocité de la prise en charge est un facteur pronostique important, qu'il s'agisse d'un trouble du développement, d'un trouble du vieillissement, d'un trouble de la relation homme-chien ou d'un trouble strictement psychiatrique.

La prescription de médicaments adaptés est du seul domaine des vétérinaires, spécialisés ou non, et ne peut s'effectuer sans consultation médicale préalable. Le traitement médical, s'il est jugé nécessaire, a pour but d'augmenter les chances de guérison ou d'amélioration de l'état de l'animal. S'il ne s'agit en aucun cas de « droguer » les chiens pour les calmer, il serait aberrant de s'affranchir obscurément de prescriptions adaptées, dont l'efficacité est scientifiquement établie.

Le recours à un éducateur canin est très souvent un bon complément et peut faire partie de la thérapie mise en œuvre avec le consentement éclairé du propriétaire. Cependant, la santé physique et psychique d'un animal relève de toute évidence de la médecine. Consulter un professionnel reconnu par l'ordre des vétérinaires et les écoles vétérinaires est une garantie de sérieux et de compétence.

Un dernier mot…

La plupart du temps, tous les chiens dont nous avons relaté une petite partie de l'histoire n'ont fait qu'exprimer un mal-être intérieur, à travers des manifestations devenues gênantes pour leurs propriétaires, qui les ont amenés à consulter un vétérinaire. Comme l'exprimait déjà Fernand Méry, célèbre vétérinaire humaniste, avant que n'émerge la médecine vétérinaire comportementale : « Les psychoses et psychonévroses du chien sont trop négligées. Elles existent, aussi nombreuses et diverses que chez l'homme. » Bien des êtres humains ne seraient jamais parvenus à un équilibre émotionnel satisfaisant s'ils n'avaient pas bénéficié des progrès de la médecine en matière de compréhension, d'analyse et de traitement des processus psychopathologiques. Il en va de même pour le chien. Encore faut-il que pathologie il y ait. Nous avons, en effet, vu que l'agressivité appartient au registre comportemental normal de l'animal. Dans ce cas, c'est la connaissance de ce répertoire et l'analyse des séquences en cause qui permettent de déterminer l'origine pathologique, ou non, du comportement agressif.

La qualité de l'éducation donnée à un chien par son maître est la condition irremplaçable du développement harmonieux d'un animal, même si d'autres paramètres ne peuvent être ignorés. Tout symptôme suspect, tout comportement agressif notamment, doit au minimum faire l'objet d'une démarche de conseil, quand ce n'est pas d'une prise en charge par un vétérinaire.

Dans tous les cas, il est urgent de freiner le mouvement actuel de diabolisation du chien dont la catégorisation a constitué le premier vrai stigmate. Par défaut d'informations et de connaissances, certaines races sont désormais pointées du doigt. Les chiens en général ne sont plus accueillis avec le même enthousiasme par une partie de la population. Il s'agit malheureusement d'un mouvement global qui combine différents paramètres. En premier lieu, il y a l'urbanisation croissante et la concentration de chiens, sans intégration suffisamment aboutie, dans les villes et les cités. S'y ajoute la méfiance de ceux qui ne partagent pas l'amour des animaux, en général, et des chiens, en particulier. Enfin, il faut mentionner l'utilisation d'un petit nombre de races de chiens comme faire-valoir et, parfois, comme arme par destination par certains jeunes dans certains quartiers difficiles. C'est dans ce climat qu'est née la loi de 1999 sur les chiens dangereux dont le but visé était notamment de contrer l'effet de mode autour des chiens à physionomie molossoïde, pitbulls et rottweilers en tête.

À ce jour, seule une « décatégorisation » des races incriminées serait éventuellement susceptible d'améliorer le statut du chien dans notre société, décision qu'il est difficile d'envisager dans un futur proche et qui risquerait de faire revenir les molosses dans les banlieues. Rappelons cependant qu'à considérer certaines races comme dangereuses, on contribue à leur désocialisation, et cette désocialisation engendre de l'agressivité. Ce faisant, on induit également la croyance que les autres races ne sont pas dangereuses. Or, et nous le répétons, aucune étude scientifique, aucune donnée statistique isolée, n'a pu mettre en évidence un lien génétique entre la race et l'agressivité. Il serait plus vrai de dire que tous les chiens, compte tenu de leur nature de carnivores prédateurs, sont potentiellement dangereux, surtout s'ils sont mal socialisés et *a fortiori* à partir d'un certain gabarit. Quant au risque qu'un chien agresse, il dépend, lui, essentiellement des conditions dans lesquelles vit ce chien et, de ce fait, du contexte dans lequel il évolue.

La prévention reste donc le seul levier sur lequel il est possible d'agir pour faire de nos chiens, de manière certaine, des compagnons équilibrés et dociles, dans une relation complice aux bénéfices réciproques. Nous estimons également qu'un label comportemental d'élevage serait le meilleur garant d'un développement comportemental optimal et, donc, un atout majeur pour le meilleur départ qui soit dans une vie de chien. C'est dans ces conditions qu'une « conduite accompagnée » par les professionnels du chien que sont les éducateurs et les vétérinaires pourra vraiment permettre à tous les nouveaux propriétaires d'animaux de prolonger de manière efficace ce qu'un éleveur passionné et compétent aura installé de façon précoce.

Ce guide aura, quant à lui, eu pour but principal d'informer objectivement et de façon claire tous ceux qui ne demandent qu'à comprendre la vraie nature du chien. Les conseils d'éducation que nous y proposons, s'ils sont suivis, permettent de limiter fortement les risques qu'un chien devienne agressif. Nous espérons aussi qu'il aidera tous ceux qui franchiraient le pas et décideraient d'acquérir un chien, de l'aimer tel qu'il est et pour ce qu'il est, c'est-à-dire un être sensible et même parfois doué d'empathie !

Bibliographie

➤ *Livres et publications*

Dehasse J., *Le Chien agressif*, Paris, Publibook, 2002.

Diaz C., Debove C., « L'évaluation comportementale. Guide pratique et juridique », hors-série de *La Semaine vétérinaire*, 2009, n° 1374.

Diaz C., « Sanctions en cas de défaut du permis de détention, Les ratés du permis de détention », *La Semaine vétérinaire,* 2010, n° 1388.

Dillière-Lesseur L., *L'Équilibre émotionnel du chiot. Guide de bonnes pratiques*, Rueil-Malmaison, Les Éditions du Point Vétérinaire. 2006.

Jeanney M., « L'observatoire national du comportement canin ne verra jamais le jour », *La Dépêche vétérinaire*, 2011, n° 1132.

Kieffer J.-P., « Une nouvelle loi qui concerne tous les chiens », *Les Dossiers des bons maîtres*, 2008, n° 62.

Mège C., Beaumont-Graff E., Beata C., Diaz C., Habran T., Marlois N., Muller G., *Pathologie comportementale du chien*, Issy-les-Moulineaux, AFVAC Éditions et Elsevier-Masson, 2003.

Muller G., « Races dangereuses ou non ? Les chiens dits dangereux : rôle du vétérinaire », *La Dépêche, supplément technique*, 2009, n° 114.

Pageat P., *Pathologie du comportement du chien*, Maisons-Alfort, Les Éditions du Point Vétérinaire (2e éd.), 1999.

Pautot S., *Le Chien et la loi*, Paris/Lyon, Éditions Juris Service, 1995.

Ricard C., Thélot B., *Facteurs de gravité des morsures de chien aux urgences*, enquête multicentrique InVS/Zoopsy, France, mai 2009-juin 2010.

Rose H., « Diversification des offres de formation », *La Semaine vétérinaire*, 2012, n° 1504.

Simon N., « Le chien : évolution de sa coopération utilitaire et sociale avec l'homme. Conséquences sur l'étude de la transmission génétique de ses comportements favorables ou défavorables », *in* B. Denis, *Génétique et sélection chez le chien*, Issy-les-Moulineaux, AFVAC Éditions, 2007.

Veilly M., « L'animal et l'arrivée d'un enfant », *Les Dossiers des bons maîtres*, 2006, n° 56.

➤ *Congrès et communications*

Arpaillange C., Béata C., Beaumont-Graff E., Coupry V., Derian Autier D., Diaz C., Dramard V., Hofmans J., Lachapèle D., Massal N., Marion M., Marlois N., Mège C., Muller G., Passelegue P., « Risques liés aux chiens dits dangereux », *Formaveto : l'évaluation comportementale dans le cadre des articles L. 211-11 et 211-14-1 du Code rural*, Paris, 2008.

Beata C., Bedossa T., Boivin X., Braye D., Chapouthier G., Courreau J.-F., Denis B., Deputte B., Grandjean D., Kerourio E., Lanty C., Michaux J.-M., Peyge C., Picavet E., Rondeau C., Sauvadet T., Vuillemenot J.-L., « Chien méchant ! Comprendre et prévenir la dangerosité de l'animal de compagnie », Rencontres de Maisons-Alfort organisées par le conseil de développement du Val-de-Marne dans le cadre du cycle : La ville, la vie, la santé, École nationale vétérinaire d'Alfort, 2008.

Gaunet F., « La sensibilité et les ajustements du chien domestique aux agents sociaux : approches scientifiques », congrès SEEVAD, École nationale vétérinaire d'Alfort, 2011.

Range F., « L'effet de la domestication sur les capacités cognitives des chiens », congrès SEEVAD, École nationale vétérinaire d'Alfort, 2011.

Glossaire

Attachement : mécanisme d'apprentissage très particulier qui permet à un individu d'identifier sa mère, qui devient ainsi l'être d'attachement en même temps qu'un repère rassurant. L'attachement est indispensable pour la réalisation de l'imprégnation, processus par lequel un animal fait l'apprentissage de son espèce, et pour le bon déroulement du développement sensori-moteur, cognitif et social du chien.

Club canin : association pratiquant des cours d'éducation canine et des activités comme l'agility, la cani-marche, le cani-cross, etc.

Désocialisé : se dit d'un chien qui a acquis une socialisation, mais qui l'a perdue, faute d'entretien ou par évitement volontaire de la part de ses propriétaires. Cette perte de communication sociale peut rendre les rencontres avec d'autres chiens et, parfois, avec les êtres humains dangereuses. Un chien désocialisé est susceptible d'agressions sans régulation et sans contrôle.

Détachement : période particulière du développement d'un chien, située aux alentours de la période pubertaire, pendant laquelle a lieu la rupture du lien d'attachement sur l'initiative de l'être d'attachement – mère du chiot ou propriétaire.

Dysharmonique : se dit d'une communication incohérente pour un chien en référence au répertoire comportemental spécifique de son espèce.

Habituation : processus d'apprentissage qui permet à un chien de ne plus réagir à un stimulus ou à une catégorie de stimuli lorsqu'il y est régulièrement exposé.

Ocytocine : hormone peptidique synthétisée par les noyaux paraventriculaire et supraoptique de l'hypothalamus et sécrétée par l'hypophyse postérieure. Cette hormone joue un rôle important dans l'attachement du chien.

Période sensible : période correspondant à un moment particulier du développement du système nerveux central, pendant laquelle un petit nombre d'expériences déterminantes vont produire des effets, ou des dommages, majeurs et durables sur le comportement ultérieur d'un individu. Chez le chien, elle est comprise entre 3 et 12 semaines. La période sensible est précédée et suivie d'une période de moindre sensibilité ; la transition est graduelle.

Phéromones : substances chimiques sécrétées par différentes parties du corps d'un individu et qui ont une action sur un autre individu – contrairement aux hormones qui agissent sur le même individu. Leur perception fait appel à un circuit neurophysiologique différent de l'olfaction. Les phéromones jouent un rôle prépondérant dans la communication chez le chien. Elles sont perçues par l'organe de Jacobson, ou organe voméro-nasal, et agissent à deux niveaux : d'une part, elles font fluctuer les sécrétions hormonales ; d'autre part, elles induisent des variations dans les états émotionnels et provoquent des comportements chez un chien comme la fuite, l'évitement, l'inhibition, la soumission ou l'agressivité. Signalons que, contrairement aux phéromones, les odeurs ne provoquent pas systématiquement un changement de comportement chez un animal.

Phobie : réaction de peur inadaptée par rapport à un ou plusieurs stimuli ne présentant pas de danger réel.

Phobogène : se dit d'un stimulus susceptible de déclencher une phobie.

Puberté : maturité sexuelle qui, chez le chien, se situe, selon les races, entre 6 et 18 mois.

Socialisation : période du développement durant laquelle le jeune chien acquiert les autocontrôles et les comportements qui permettent la vie sociale.

Thérapie comportementale : thérapie visant à rectifier un comportement inadapté ou pathologique en appliquant des mesures qui permettent d'aboutir à un changement. Une thérapie comportementale peut être associée à l'utilisation d'un psychotrope qui facilite ce changement.

Index

abandon : 96, 122
activités de substitution : 189
adaptation : 15, 39, 43, 69, 76, 216
Adaptil : 104
adoption : 20, 27, 38, 48, 50, 51, 71, 73, 75, 85, 86, 90, 92, 94, 96, 99, 100, 101, 114, 126, 165, 166
affiliatifs : 55
agility : 68, 140, 143, 152
agonistiques : 55
agression
  de prédation : 182
  hiérarchique : 182
  par irritation : 80, 184, 185, 187
agressivité : 20, 22, 23, 34, 35, 49, 53, 54, 55, 56, 57, 58, 61, 68, 71, 73, 74, 83, 85, 93, 94, 97, 98, 101, 108, 115, 116, 118, 126, 128, 132, 148, 152, 157, 161, 169, 171, 172, 181, 189, 190, 193, 196, 199, 200, 213, 214, 215, 218, 220, 221, 223, 224, 227, 228
american staffordshire terrier : 202, 203
analyse comportementale : 57, 187, 188, 214
animal de compagnie : 33, 77, 117
animal social : 54, 83
animaleries : 49, 111
antidépresseur : 114
anxiogène : 193
anxiolytique : 135, 152
apaisement : 34, 76, 84, 85, 86, 89, 90, 91, 92, 104, 115, 132, 181, 186, 191, 193, 195
aptitudes naturelles : 215
arrêtés publiés le 8 avril 2009 : 208
arthrose : 56, 166, 187
article 211-1 du Code rural : 202, 203
article R. 215-2 du Code rural : 205
attachement : 20, 27, 29, 54, 62, 86, 90, 91, 92, 99, 100, 101, 106, 113, 117, 128, 145, 158, 161, 169, 191, 192
  anxieux : 191
  sécure : 191
attestation d'aptitude : 208, 209, 210

berger allemand : 64, 128, 151, 199
berger belge : 71, 161
bichon : 68, 192
bilan comportemental : 51, 57, 68, 86, 95, 97, 113, 143
boerbulls : 203
border collie : 60
boulimie : 189
boxer : 203, 220, 221
bull-terrier : 216

catégorie : 202, 203, 204, 205, 206, 209, 213, 214, 221
CD Éducanin : 44

certificat de cession : 37
charplaninaz : 217
chef de meute : 169
chevauchements : 169
chien
dangereux : 15, 201, 202, 214, 220, 228
de chasse : 60, 215
femelle : 62
mâle : 62, 169
chiot orphelin : 46
club canin : 116, 223
cocker spaniel : 216
communication : 25, 42, 54, 55, 56, 62, 70, 78, 79, 83, 84, 86, 89, 91, 93, 148, 184, 190, 191, 192, 193, 200, 210, 219, 224
compétence maternelle : 40, 46, 65
compétition hiérarchique : 80, 94, 182
comportement
agressif : 34, 53, 105, 199, 200, 201, 227
alimentaire : 54, 160
sexuel : 54
conditionnement intéroceptif : 114
conditions de développement : 52, 56, 190, 217, 222
conduites agressives : 16, 54
conflit : 70, 72, 151, 173, 182, 184, 193
consultation pubertaire : 223
contexte de crainte : 187
contraventions : 205, 206
contrôle : 45, 55, 69, 125, 138, 141, 145, 146, 189, 192, 204

danger : 16, 33, 68, 72, 73, 80, 98, 103, 108, 115, 116, 163, 187, 188, 190, 197, 198, 199, 200, 202, 206, 207, 208, 210, 220
dangerosité : 34, 78, 189, 199, 200, 221, 222, 229
déclaration en mairie : 204, 209
décret du 6 septembre 2007 : 207
déficit sensoriel : 190
dépression : 19
désocialisant : 221
détachement : 100, 102, 128
déterminisme génétique : 61, 219
détresse affective : 86, 99
développement comportemental : 46, 47, 215, 226, 229
domestication : 15, 84
dominance : 55, 169, 173
domination : 94
dominé : 34, 159, 173

effet de mode : 217, 228
élevage : 21, 23, 29, 37, 38, 39, 40, 41, 43, 45, 46, 47, 48, 64, 100, 111, 113, 161, 229
environnement : 19, 21, 38, 39, 42, 43, 56, 84, 113, 114, 117, 145, 199, 215, 218, 219, 224
état
anxieux : 137, 184
émotionnel : 56, 58, 79, 187, 189
réactionnel : 181
éthologie : 55, 84, 126, 158
euthanasie : 196, 197, 198, 206, 209, 210
évaluation comportementale : 194, 206, 207, 208, 209, 210, 214, 221
évitement : 189

filtre sensoriel : 40, 43, 44, 46
frustrations : 126, 183

GAR : 191
gène : 218
génétique : 53, 65, 77, 113, 213, 214, 216, 218, 219, 220, 221, 222, 228
gestion des contacts : 129
grognements : 32, 34, 79, 97, 177, 184, 186, 196, 197, 223
groupe : 34, 35, 36, 55, 56, 57, 62, 63, 69, 78, 83, 94, 119, 152, 159, 166, 167, 182, 191, 192, 200, 201, 212, 223

habituation : 44, 75, 77
héritabilité du comportement : 222

hiérarchie : 55, 70, 71, 120, 159, 166, 171, 175, 200, 224
hyperagressivité : 32, 192
hypothyroïdie : 166, 224

impulsivité : 184, 189, 194, 216
inhibition : 19, 78, 189
instrumentalisation : 185, 186, 188, 196
interactions : 41, 45, 56, 63, 106, 118, 130, 138, 195, 199
InVS : 212

jack russel terrier : 39
jeux de tiraillements : 41, 137, 140

labrador : 150, 204, 219
langage canin : 84, 170
léchage : 189, 195
lignée : 216
livre généalogique : 202, 203
LOF : 203
loi du 6 janvier 1999 : 37, 202, 206
loi du 5 mars 2007 : 207
loi du 20 juin 2008 : 37, 165, 202, 207, 210
loyauté cachée : 122

maîtrise de l'espace : 182
mal des transports : 22
mastiff : 203
montagne des Pyrénées : 62, 63
mordillements : 45, 138, 141, 145, 217, 219
muselière : 151, 152, 204, 213

neurotransmetteurs : 218
niveau de risque : 208

organisation de la famille : 55

Pageat, Patrick : 35
période sensible : 39, 43, 47, 75, 77, 158
permis de détention : 206, 209
peur : 23, 34, 57, 58, 60, 62, 72, 73, 79, 85, 89, 90, 97, 101, 103, 104, 108, 109, 111, 113, 114, 115, 116, 117, 132, 148, 149, 150, 151, 152, 153, 154, 159, 161, 162, 163, 182, 183, 184, 185, 186, 189, 193, 195, 213, 219
phase de menace : 181, 186, 188
phéromones : 75, 76, 80, 89, 90, 92, 99, 104, 116
phobie : 23, 49, 58, 98, 100, 101, 134, 151, 152, 185
phobogènes : 39
pièce d'éveil : 42, 43
pilo-érection : 195
pitbull : 203, 221
prédisposition raciale : 216
prérogatives : 71, 132, 169
prévention des agressions : 36
privation : 40, 113, 114, 161, 162, 185, 187, 223
  sensorielle : 40
privilèges : 33, 55, 70, 121, 123, 126, 132, 159
propreté : 40, 51, 102, 144, 145, 146
puberté : 50, 70, 113, 127, 128, 158, 159, 169, 191, 200, 222
puppy class : 116

race : 27, 35, 37, 43, 49, 53, 56, 59, 60, 61, 62, 63, 64, 68, 90, 203, 210, 211, 214, 217, 218, 219, 220, 221, 222, 225, 228
rappel : 145
rapports hiérarchiques : 70
refuge : 48, 50, 51, 58, 75, 168
règles
  de la communication : 190
  sociales : 55, 69, 119, 124, 126, 127
régulation : 45, 49, 69, 141, 217
repères : 167, 192, 193
répertoire comportemental : 16, 54, 83, 147
résilience : 158, 161
risque : 22, 36, 40, 45, 50, 57, 58, 63, 65, 70, 72, 75, 78, 99, 105,

116, 120, 123, 128, 130, 144, 171, 184, 187, 188, 198, 199, 200, 202, 207, 208, 209, 210, 214, 222, 228
rituel : 42, 58, 72, 115, 167
alimentaire : 160
rottweiler : 35, 68, 203, 213, 221

sanctions : 45, 143, 205, 210
science du comportement : 55
sélégiline : 114
sensibilisation : 103
séquences
agressives : 53, 120, 132, 181, 186, 188
de chasse : 187, 188
sérotoninergique : 87, 133
siberian husky : 38
signaux : 76, 79, 80, 96, 126, 137, 147, 183, 184, 190, 191, 193, 195, 211
socialisation : 20, 23, 24, 35, 40, 41, 42, 46, 49, 58, 73, 74, 75, 77, 78, 100, 101, 105, 106, 111, 113, 114, 116, 117, 134, 158, 187, 188
soumission : 45, 115, 116, 138, 153, 195
stabilité émotionnelle : 36, 65, 78
statut
hiérarchique : 56, 57, 80
hormonal ; 89
surveillance sanitaire : 198
syndrome dissociatif : 216
système hiérarchique : 55

territoire : 124, 125, 126, 131, 171, 182, 183, 201
tests de Campbell : 67
thérapie comportementale : 186, 194, 223
toilettage : 184, 185, 187
tosa : 203
trouble du développement : 32, 226

vétérinaire comportementaliste : 73, 158, 186, 201, 219, 221, 223, 226
vieillissement : 56, 224
virus de la rage : 198

west highland white terriers : 43

yorkshire : 38, 72, 74, 90, 111, 122, 183

Cet ouvrage a été transcodé et mis en pages
chez Nord Compo (Villeneuve-d'Ascq)

Achevé d'imprimer en octobre 2013 sur rotative numérique Prosper
par Soregraph à Nanterre (Hauts-de-Seine).

Dépôt légal : octobre 2013
N° d'édition : 7381-3039-X
N° d'impression : 13471

Imprimé en France

L'imprimerie Soregraph est titulaire de la marque
Imprim'vert® depuis 2004.